TYJD 儿童数学百科全书

冯化平 编著

华龄出版社
HUALING PRESS
·北京·

U0283829

责任编辑：李梦娇

责任印制：李未圻

图书在版编目（CIP）数据

儿童数学百科全书 / 冯化平编著 . -- 北京 ：华龄出版社，2019.12

ISBN 978-7-5169-1616-2

Ⅰ . ①儿… Ⅱ . ①冯… Ⅲ . ① 数学—儿童读物 Ⅳ . ① 01-49

中国版本图书馆 CIP 数据核字（2019）第 293884 号

书　　名：	儿童数学百科全书
作　　者：	冯化平　编著
出 版 人：	胡福君
出版发行：	华龄出版社
地　　址：	北京市东城区安定门外大街甲 57 号
邮　　编：	100011
电　　话：	010-58122246
传　　真：	010-84049572
网　　址：	http://www.hualingpress.com
印　　刷：	北京兴星伟业印刷有限公司
版　　次：	2020 年 7 月第 1 版 2020 年 7 月第 1 次印刷
开　　本：	889×1194　1/16
印　　张：	15
字　　数：	80 千字
定　　价：	138.00 元

前 言 | *Preface*

数学的英语称呼来自于古希腊，有"学习、学问、科学"的意思。古希腊学者将其视为哲学的起点，认为是一切学问的基础，可见对数学的看重。其实，数学是研究数量、结构、变化以及空间模型等概念的一门学科，是透过抽象化和逻辑推理的使用，在计数、计算、量度和对物体形状及运动观察中产生的一门学科。

在我国古代，数学叫作算术，又称算学，最后才改称数学，是我国古代科学中一门重要学科，历史悠久，成就辉煌。在仰韶文化时期出土的陶器上面，就刻有表示"1234"的符号。到原始公社末期，就开始用文字符号取代结绳记事了。西安半坡出土的陶器上，有用1至8个圆点组成的等边三角形和正方形图案，还有规、矩、准、绳等作图与测量工具。我国古代将算术定为"六艺"之一，可见人们对数学是多么地重视。

在国外，古巴比伦人从远古时代就积累了一定数学知识，并能应用其解决实际问题。

在古埃及、美索不达米亚及古印度典籍中，就可以看见数学文本。西欧从古希腊到16世纪经过文艺复兴时代，初等代数以及三角学等初等数学就大体完备。17世纪在欧洲产生了变量概念，后来结合几何精密思想发明了微积分方法。随着自然科学和技术进一步发展，集合论和数理逻辑等也发展了起来，极大促进了数学的发展。

数学被应用在很多不同领域，包括科学、工程、医学和经济学等。特别是基础数学的知识与运用，是个人与团体生活中不可或缺的一部分。然而，对于这样一门重要的学科，一些少年儿童却视为畏途，兴趣淡漠，这使一些教师、家长乃至专家、学者大伤脑筋。

少年儿童对数学不感兴趣的根本原因是没有体会到蕴含于数学中的奇趣和美妙。有人说，数学枯燥、乏味，学习时没有意思，其实，这是对数学的误解。只要你真正懂得了数学，就会发现它是一门极富魅力的学科。它所蕴含的美妙和奇趣，是其他任何学科都不能比拟的。

茫茫宇宙，滔滔江河，哪一种事物能够脱离数和形而存在呢？数和形的有机结合，才有这千姿百态的花花世界。数学的优美、质朴、深沉，令人赏心悦目；数学的奥妙、鬼斧神工，令人拍案叫绝！因为它美，才更有趣；因为它有趣，才更显得美。当然，这种美的感觉，只有当你真正认识它后才能理解。懂得了这个道理，你才会有学习数学的动力，才会走进数学爱好者的行列。

为此，在有关专家指导下，并根据国内外最新研究成果，我们特别编辑了本书。主要包括数字、计算、数学、几何等基础知识内容，具有很强的系统性、知识性和科学性，非常适合广大少年儿童阅读。

出版本作品，目的是使广大少年儿童读者兴味盎然地领略数学之美的同时，能够加深思考，启迪智慧，开阔视野，增加知识，能够正确认识世界，了解数学奥秘，并激发求知欲望和探索精神，激起热爱科学和追求科学的热情。

目录 | *Contents*

数字

计算

数字

　　数字是一种用来表示数目的书写符号。不同的计数系统可以使用相同的数字，而同一个数在不同计数系统中有不同的表示。在相应计数系统中，数字位置决定了它所表示的值。现如今，世界各国都使用阿拉伯数字作为标准数字，主要是为了书写方便。因此，阿拉伯数字具有世界影响性。

数字的起源

公元500年前后，印度次大陆西北部旁遮普地区的数学一直处于领先地位，而且天文学家阿叶彼海特在简化数字方面有了新的突破。后来，阿拉伯人发现这种数字比较先进，他们吸收改进后，传入了西班牙，然后又传到欧洲其他国家，进而走向了世界各国。

数字的产生 1 2 3 4 π

人类最早用来计数的工具是手指和脚趾，但是它们只能表示20以内的数字。当数目很多时，人们就用小石子和豆粒来计数。后来，人们又发明了打绳结、刻画计数的方法，他们在兽皮、兽骨、树木和石头上刻画计数。

最初的时候，人们对我的概念很模糊，只是为了记住猎物的多少。现如今，人们对我的概念越来越清晰了呢！

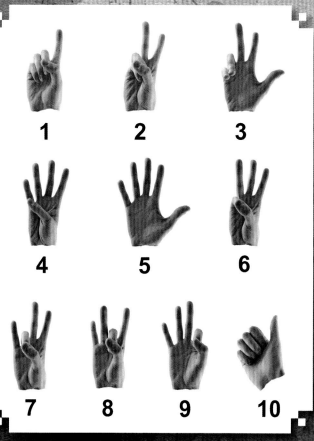

1 2 3
4 5 6
7 8 9 10

| 1 | 10 | 100 | 1000 | 10000 | 100000 | 10^6 |

结绳计数

人类的结绳计数约起源于新石器时代，历经漫长传承，遍布世界范围。最简单的结绳用一个结表示1；进阶一点，可以用绳结的大小或位置来表示不同的数位；心灵手巧些的，还能打出不同花式的结来表示不同含义；或者选用多种材质、给绳子染色、拴上一些物件等，各种方式来表示所要体现的含义。

数字的创造 1 2 3 4 π

在古代印度，进行城市建设时需要设计和规划，进行祭祀时需要计算日月星辰的运行，于是，数学计算就产生了。大约在公元前3000多年，印度河流域居民的数字就比较先进，而且采用了十进位的计算方法。

希腊数字

希腊数字是一套使用希腊字母表示的计数系统，也叫米利都数字、亚历山大数字或字母数字。在现代希腊，它们仍然被使用在序数词上，并且很大程度上和西方使用的罗马数字相似。而在日常使用基数词的时候，人们还是使用阿拉伯数字。

GREEK FONT

AA BB CC DD EE
FF GG HH II JJ KK
LL MM NN OO PP
QQ RR SS TT UU
VV WW XX YY ZZ
0 1 2 3 4 5 6 7 8 9
I II III IV V VI VII VIII IX X
+ - * / ÷ = < > ⌂ %
(|) [\ ]
. _ , ! ? : ; _
- – — « · » " ? . ' " "

简单的罗马数字图表

阿拉伯语	古罗马语	阿拉伯语	古罗马语	阿拉伯语	古罗马语
1	I	16	XVI	90	XC
2	II	17	XVII	100	C
3	III	18	XVIII	200	CC
4	IV	19	XIX	300	CCC
5	V	20	XX	400	CD
6	VI	21	XXI	500	D
7	VII	22	XXII	600	DC
8	VIII	23	XXIII	700	DCC
9	IX	24	XXIV	800	DCCC
10	X	30	XXX	900	CM
11	XI	40	XL	1000	M
12	XII	50	L	2000	MM
13	XIII	60	LX	3000	MMM
14	XIV	70	LXX	4000	$M\overline{V}$
15	XV	80	LXXX	5000	$\overline{V}$
				10000	$\overline{X}$

罗马数字 1 2 3 4 π

罗马数字比阿拉伯数字早2000多年，起源于古罗马，是阿拉伯数字传入之前使用的一种数码。他们用字母表示数，Ⅰ表示1，Ⅴ表示5，Ⅹ表示10，Ⅽ表示100，Ⅿ表示1000。这样，大数字写起来就比较简短，但是计算仍然十分不便。

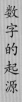

我是一种古老的文明，创造了非凡的数学成就，还加深了人们对数学的深刻认识哦！

玛雅数字

玛雅数字是玛雅文明所使用的二十进制计数系统，他们使用点、横线与一个代表0的贝形符号来表示数字。如19写作3条横线上加4个点。玛雅人在数学方面的造诣之高深，使他们能在许多科学和技术活动中解决各种难题。

阅读大视野

罗马数字因为书写繁杂困难，所以后人很少采用。但是，早期生产的钟表都广泛使用罗马数字，现在的钟表也有用它表示时数的。此外，在书稿章节以及科学分类时也有采用罗马数字的。

数字的传播

阿拉伯数字最初是由古印度人在生产和实践中逐步创造出来的，后来由阿拉伯人传向世界，所以人们称为阿拉伯数字。那时阿拉伯数字的形状与现在的阿拉伯数字并不完全相同，经过许多数学家的不断改进，最终才形成现在的书写方式。

我是由印度人发明的，是由阿拉伯人传播的，你们千万不要以为，我叫阿拉伯数字，就是由阿拉伯人发明的哦！

印度数字

公元前2500年前后，古印度出现了一种名为哈拉巴数码的铭文计数法，后来开始通行起卡罗什奇数字和婆罗门数字两种数码。公元3世纪，印度科学家巴格达发明了阿拉伯数字公元，公元4世纪后阿拉伯数字中"0"的符号日益明确。

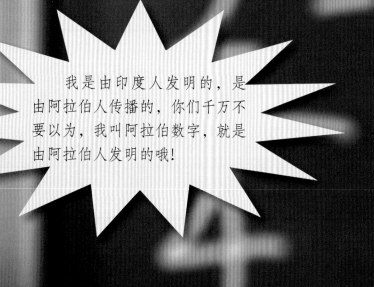

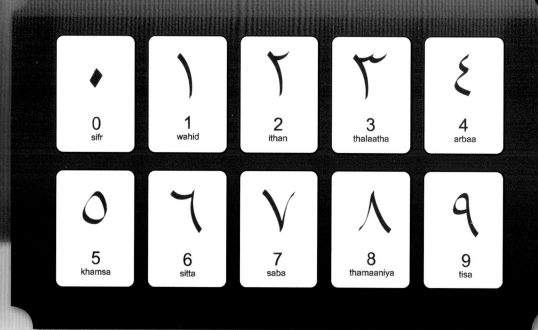

| 0 sifr | 1 wahid | 2 ithan | 3 thalaatha | 4 arbaa |
| 5 khamsa | 6 sitta | 7 saba | 8 thamaaniya | 9 tisa |

印度数字特点

古罗马人经常用IIII表示4，有时为了节省空间，他们会把4写作IV，但是这种写法并不正规。而印度数字更加简单，人们开始广泛采用，并且还在实践中加以修改完善，使之更加方便书写。古印度发明的数字首先传到了斯里兰卡、缅甸、柬埔寨等邻近国家。

印度数字传播

大约在公元9世纪，印度数字传入阿拉伯地区，从原来的婆罗门数字导出两种阿拉伯数字。由于它的优点远远超过了其他计算法，所以阿拉伯的学者们很愿意学习这些先进的知识，商人们也乐于采用这种方法去做生意。

阿拉伯数字的演变

公元前2500年前后，古印度出现了一种称为哈拉巴数码的铭文计数法。到公元前后通行起两种数码：卡罗什奇数字和婆罗门数字。公元3世纪，印度科学家巴格达发明了阿拉伯数字。公元4世纪后阿拉伯数字中零的符号日益明确，使计数逐渐发展成十进位值制。阿拉伯数字笔画简单，书写方便，加上使用十进位制便于运算，逐渐在各国流行起来，成为世界各国通用的数字。

一纵十横，百立千疆，

数字系统

十进位 (base 10)	二进制 (base 2)	十六进制 (base 16)	十进位 (base 10)	二进制 (base 2)	十六进制 (base 16)
0	0000	0	8	1000	8
1	0001	1	9	1001	9
2	0010	2	10	1010	A
3	0011	3	11	1011	B
4	0100	4	12	1100	C
5	0101	5	13	1101	D
6	0110	6	14	1110	E
7	0111	7	15	1111	F

阿拉伯数字的流传

印刷术是人类近代文明的先导，为知识的广泛传播、交流创造了条件。14世纪，中国印刷术传到欧洲，加速了阿拉伯数字在欧洲的推广与应用，阿拉伯数字逐渐为全欧洲人所采用。

千十相望，万百相当。

阿拉伯数字传入中国

大约是13至14世纪，阿拉伯数字才传入我国。由于我国古代有一种数字叫算筹，写起来比较方便，所以阿拉伯数字当时没有得到及时推广运用。20世纪初，随着我国对外国数学成就的吸收和引进，阿拉伯数字才开始在我国慢慢推广使用。

我国的算筹同样很先进，但是阿拉伯数字的书写要更加简单哦！

阅读大视野

1202年，意大利出版了一本重要的数学书籍《计算之书》，书中广泛使用了由阿拉伯人改进的印度数字，它标志着新数字在欧洲使用的开始。

数字的应用

阿拉伯数字由0、1、2、3、4、5、6、7、8、9共10个计数符号组成。采取位值法，高位在左，低位在右，从左往右书写。借助一些简单的数学符号，如小数点、负号、百分号等，这个系统就可以明确表示所有的有理数。

数字的应用

印度数学家巴格达给阿拉伯人传授了新的数学符号和体系，还有印度式的计算方法。公元1200年左右，欧洲的学者正式采用了阿拉伯数字。13世纪，在意大利数学家费婆拿契的倡导下，普通欧洲人也采用了阿拉伯数字，15世纪时这种现象已经相当普遍。

和各种运算符号联系在一起，我们表达的数量关系会更加明确哦！

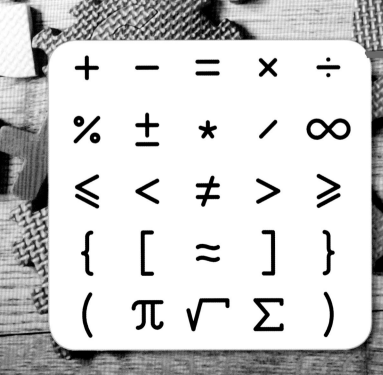

最初的阿拉伯数字，形状与现代的阿拉伯数字并不完全相同，只是比较接近而已。许多数学家花费了不少心血，才使它们变成了现在的书写方式。为了表示极大或极小的数字，人们在阿拉伯数字的基础上创造了科学计数法。

门前大桥下游过一群鸭，快来快来数一数，二四六七八，嘎嘎嘎嘎真呀真多呀！数不清到底多少鸭。

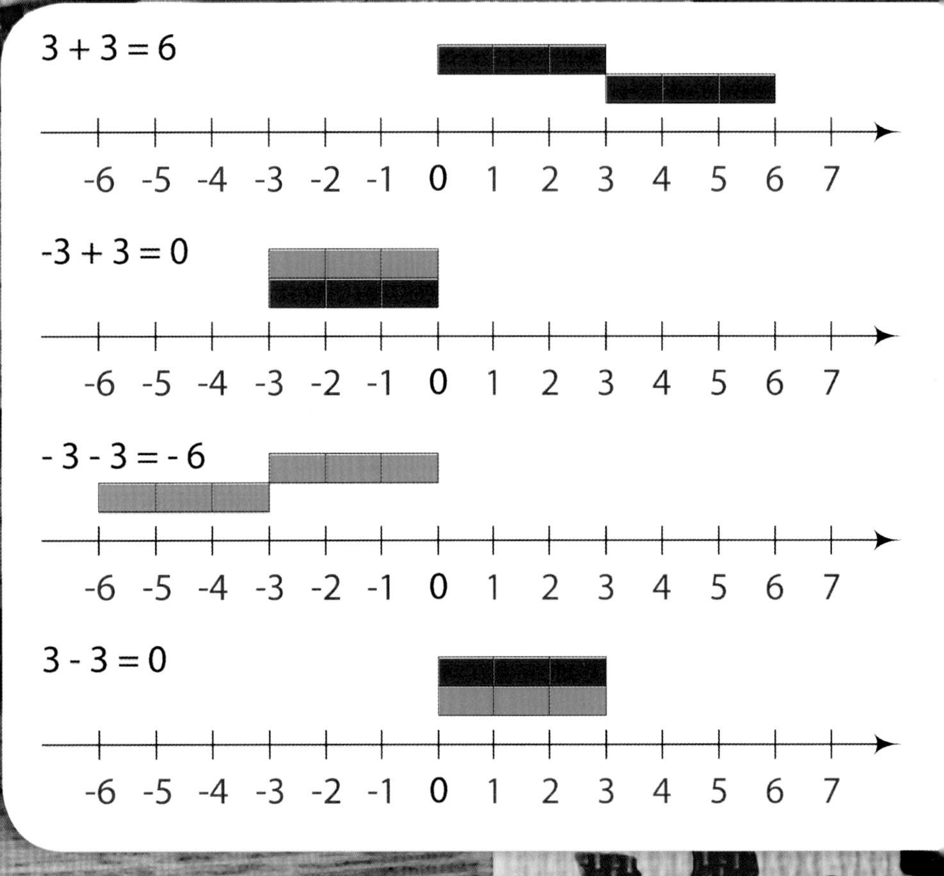

$3 + 3 = 6$

-6 -5 -4 -3 -2 -1 0 1 2 3 4 5 6 7

$-3 + 3 = 0$

-6 -5 -4 -3 -2 -1 0 1 2 3 4 5 6 7

$-3 - 3 = -6$

-6 -5 -4 -3 -2 -1 0 1 2 3 4 5 6 7

$3 - 3 = 0$

-6 -5 -4 -3 -2 -1 0 1 2 3 4 5 6 7

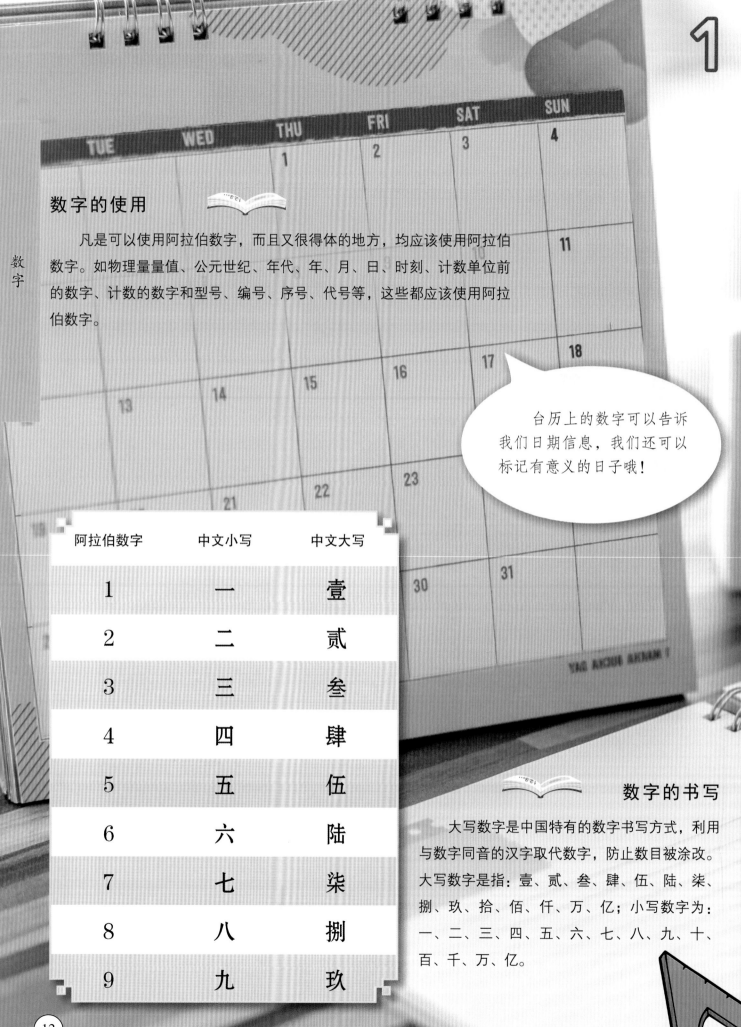

数字的使用

凡是可以使用阿拉伯数字，而且又很得体的地方，均应该使用阿拉伯数字。如物理量量值、公元世纪、年代、年、月、日、时刻、计数单位前的数字、计数的数字和型号、编号、序号、代号等，这些都应该使用阿拉伯数字。

台历上的数字可以告诉我们日期信息，我们还可以标记有意义的日子哦！

阿拉伯数字	中文小写	中文大写
1	一	壹
2	二	贰
3	三	叁
4	四	肆
5	五	伍
6	六	陆
7	七	柒
8	八	捌
9	九	玖

数字的书写

大写数字是中国特有的数字书写方式，利用与数字同音的汉字取代数字，防止数目被涂改。大写数字是指：壹、贰、叁、肆、伍、陆、柒、捌、玖、拾、佰、仟、万、亿；小写数字为：一、二、三、四、五、六、七、八、九、十、百、千、万、亿。

数字的规范

书写阿拉伯数字时，纯小数小数点前的"0"不能省略。阿拉伯数字不能与万、亿以及国际单位制外的汉字数词连用，如"一千三百万"可以改写成"1300万"，但是不能写成"1千3百万"。4位或4位以上的数字，在书写时要采用三位分级法。

三位分级法通常以逗号或空格作为各个数级的标识，是从右向左把数分开哦！

180,650

1,452,600

25,305

20,620

1,587,400

289,415

阅读大视野

在中国古代思想中，3为基数，9为极数，除了3、5和9外，12在古代文化中也有着重要的地位。在我们的生活中，除了五行、五味、五脏、五色等和5有关的物质外，还有很多和12有关的，如12生肖、12时辰、12个月。

32,062

92

神奇的 0

最初的数字中没有出现"0"的符号，它是在公元320至550年才出现的。公元4世纪完成的数学著作《太阳手册》中，已经使用"0"的符号，当时只是实心小圆点。后来，小圆点演化成为小圆圈。这样，一套从1到0的数字就趋于完善了。

"0"的起源

古埃及早在公元前2000年时，就有人用特别符号来记载"0"。玛雅数字中"0"则是以贝壳模样的象形符号为代表。标准的"0"是由古印度人在约公元5世纪时发明的，他们最早用黑点表示"0"，表示空或没有的意思，后来逐渐变成了"0"。

我是一个很重要的数字，在我国古代表示零碎、不多的意思，直到后来我的含义才渐渐清晰，人们便称我为金元数字哦！

"0"的发展

"0"的概念之所以在印度产生并且得以发展，是因为印度佛教中存在着"绝对无"这一哲学思想。"0"的出现是数学史上的一大创造，有了它，进行数学运算就会非常方便。如果没有"0"，那么就没有原点，也没有坐标系，几何学大厦就会分崩离析。

千万不要因为我表示什么都没有就小看我，如果没有我，你拿了100分，也只能被记作1分，现在知道我的大用处了吧！

代数

几何

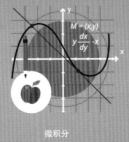

微积分

统计数据

特别的 "0"

玛雅文明有一个独特的数学体系，在这个体系中最先进的便是 "0" 这个符号的使用，他们用贝形符号表示 "0"。由于用了 "0" 这个符号，玛雅数字的20进位制写法就很合乎科学要求了。从时间上看，他们使用 "0" 比印度数字还要早一些。

"0" 的传播

大约1500年前，欧洲的数学家们是不知道用 "0" 这个数字的。这时，罗马的一位学者在印度计数法中发现了 "0" 这个符号。他发现，有了 "0"，进行数学运算非常方便。他非常高兴，还把印度人使用 "0" 的方法向大家做了介绍。

0			
1	2	3	4
5	6	7	8
9	10	11	12
13	14	15	16
17	18	19	20
21	22	23	24

算筹中的 "0"

中国古代的算筹数码中没有 "0"，遇到 "0" 就空位。如果数字中没有 "0"，是很容易发生错误的。所以后来有人把铜钱摆在空位上，以免弄错，这或许与 "0" 的出现有关。但是在我国古代文字中，中文的 "零" 字出现很早。

"0" 好像地球，我们生活在这个美丽的大家园里，感到非常快乐哦！

阅读大视野

罗马教皇认为神圣的数是上帝创造的。在罗马上帝创造的数里就没有 "0" 这个怪物。如果谁要使用它，谁就是亵渎罗马上帝，所以他禁止使用 "0"。最后，"0" 在欧洲被广泛使用，而罗马数字却逐渐被淘汰了。

自然数

在日常语言中，许多人都将数字等同于数。数字是指0、1、2、3、4、5、6、7、8、9，而数则是指多位数字或所有的数字。数字代表了物质存在的数量，具有笔画简单、结构科学、形象清晰、组数简短等特点。

数字

自然数含义

自然数是指用以计量事物的件数或表示事物次序的数。自然数是指大于等于0的整数，是用数码0、1、2、3、4……所表示的数，它们一个接着一个，组成一个无穷的集体。自然数具有无限性和有序性，分为偶数和奇数，合数和质数等。

2只小孔雀穿上"花衣裳"，美呀，美呀！9只小白兔竖起长耳朵，蹦呀，蹦呀！

"0" 的含义

"0" 是介于-1和1之间的整数, 是最小的自然数, 也是有理数。"0" 既不是正数也不是负数, 而是正数和负数的分界点。"0" 没有倒数, 它的相反数是"0", 绝对值是"0", 平方根是"0", 立方根是"0", 它乘任何数都等于"0"。

大家好, 我是0, 在加法中, 你把无数个我相加, 我还是0, 但是在乘法中, 只要出现一个我, 它都会变得没有了哦!

自然数

"1" 的含义

"1" 是自然数中最小的一个, 它只有一个约数, 就是它本身, 所以它是唯一一个既不是质数, 也不是合数的正整数。"1" 是自然数的单位, 任何一个自然数都是由若干个"1" 合并而成的。如"99" 就是由99个"1" 组成的。

"2"的含义

"2"是一个自然数，1加1就等于2，它是位于1之后的正整数，也是偶数。它有很多数学性质，如果一个数能够被"2"整除，那这个数就是偶数，反之则是奇数。"2"是最小的质数，也是唯一的偶质数，下一个质数是"3"。

> 1个手指头呀，变呀变，变成毛毛虫，爬呀爬呀！2个手指头呀，变呀变，变成小兔子，蹦啊蹦啊！

1 2 3 4 π   "3"的含义

最古的计数大概最多到"3"，是由2加1得来的。它是从0开始的第二个质数，是第三个非0的自然数。它还是第2个奇数，前一个是"1"，下一个是"5"。一个数的数字总和能够被"3"整除，这个数就一定可以被"3"整除。

20

"4" 的含义

最早的时候，人们为了设想"4"这个数字，就必须把2和2加起来。"4"是一个简单的阿拉伯数字，是正整数中最小的合数，是数字2的2倍，它也是一个平方数。4条边的正方形是第2个可以作图的多边形，前一个是3，下一个是5。

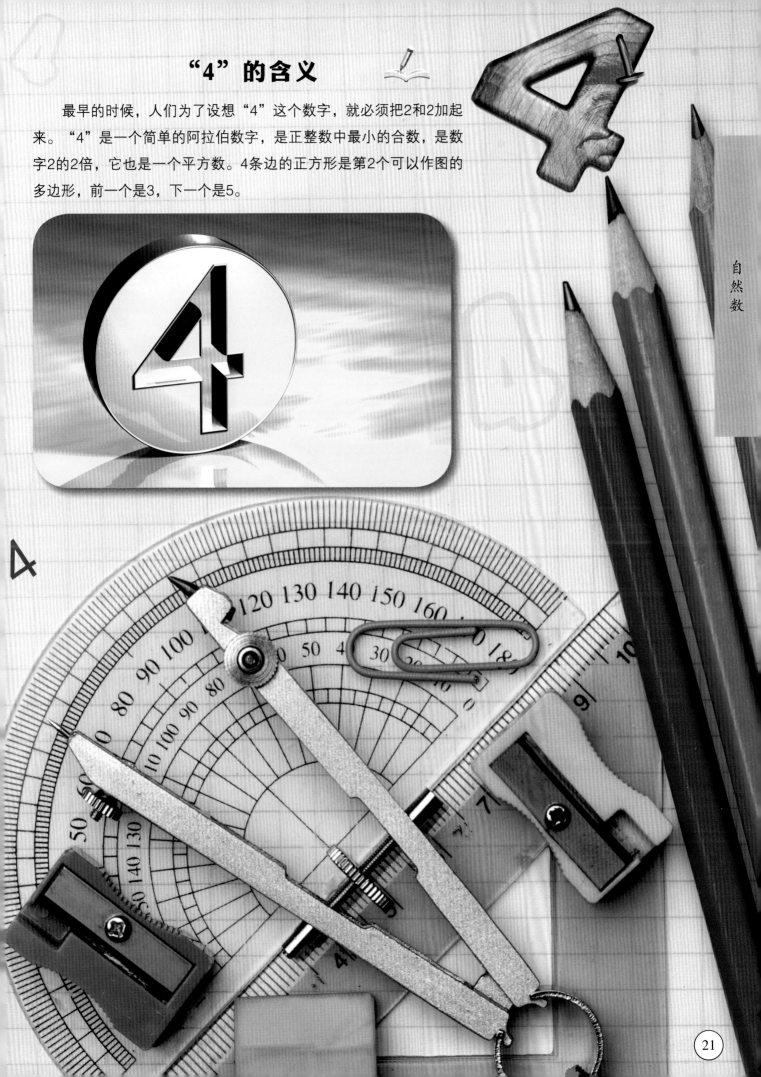

自然数

"5"的含义

在比较晚的时候，才出现了手写的五指代表"5"这个数字。"5"这个数字是由2加2加1得来的，在日常生活中到处都可以见到。如人民币的面值有5元、5角、5分，星星有5个角，还有梅花、桃花都有5个花瓣。

数字

5个手指头呀，握成小拳头啊，5个手指头呀，变成望远镜啊！

"6"的含义

"6"是自然数中的偶数，也是一个有理数，还是个合数。1加2加3等于6，因此它是第一个完美数，也叫完全数。"6"等同于汉字数字"六"，在传统文化中极受重视，象征着和谐、吉利、关爱、孕育等，如六六大顺。

6
Liù
六

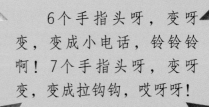

6个手指头呀，变呀变，变成小电话，铃铃铃啊！7个手指头呀，变呀变，变成拉钩钩，哎呀呀！

"7"的含义

"7"是一个奇数，在西方文化中，被视为幸运数字。在生活中，一个星期有7天。在颜色里，它代表绿色的意思，表示绿色环保。正三边形、正四边形、正五边形和正六边形均可以以尺规作图的方式画出，但是正七边形却不可以。

"8"的含义

"8"是一个有理数，也是一个合数、偶数和立方数。在形态上，它是一个没有出口的字，它的外形也是数学中的无限符号，代表着无数的可能性。

"8"是汉语中最黄金的数值之一，是象征财富的符号，谐音同发财的发。

数字

大家都特别喜欢我哦，因为他们都把我寓意为发财的象征数字呢！

我是9，像极了高高飞起的气球，可以飞过海洋，飞向天空，许下你最真诚的愿望哦！

"9" 的含义

"9"是一个有理数，是3的2次方，也可以说是3的平方，它是一个完全平方数。在十进制中，它是一位数中最大的数，也是一位数中最大的合数。如果一个数的各个数字之和是9的倍数，那么这个数就一定是9的倍数。

阅读大视野

阿拉伯数字都很简单，人们却给了它们丰富的含义，1到9代表着吉利的成语就有很多。如一帆风顺、二龙腾飞、三羊开泰、四季平安、五福临门、六六大顺、七星高照、八方来财、九九同心、十全十美。

1234567890

整数

整数是指正整数、0、负整数的集合。正整数是指大于0的整数，如1、2、3……直到n。0既不是正整数，也不是负整数，它是介于正整数和负整数的数。负整数是指小于0的整数，如-1、-2、-3……直到-n。

正整数

正整数和整数一样，正整数也是一个可数的无限集合。在数论中，正整数，即1、2、3……；但在集合论和计算机科学中，自然数则通常是指非负整数，即正整数与0的集合，也可以说成是除了0以外的自然数就是正整数。正整数可带正号（+），也可以不带。

负整数

负整数是指小于0的整数，如-1、-2、-3……直到-n。中国最早引进了负数，我国古代数学专著《九章算术》中论述的"正负数"，就是整数的加减法，减法的需要也促进了负整数的引入。整数的全体构成了整数集，整数集是一个数环。

奇 数

奇数是指不能被2整除的整数，可以分为正奇数和负奇数。日常生活中，人们通常把正奇数叫作单数，它跟偶数是相对的。我们可以用看个位数的方式判断该数是奇数还是偶数，个位为1、3、5、7、9的数为奇数，个位为0、2、4、6、8的数为偶数。

把物品分开，两个两个的数，如果没有剩余，那就是偶数，如果剩下一个，那就是单数哦！

偶 数

偶数是指能够被2所整除的整数，正偶数也称双数。若某数是2的倍数，它就是偶数，若不是2的倍数，它就是奇数。0是一个特殊的偶数，它既是正偶数与负偶数的分界线，又是正奇数与负奇数的分水岭。

整 数

如果不加特殊说明，我们所涉及的数都是整数，所采用的字母也表示整数。非负整数是正整数和0的统称，就是除负整数以外的整数都叫非负整数，非负整数也叫自然数。非正整数是负整数和0的统称，就是除正整数以外的整数都叫非正整数。

阅读大视野

由全体整数组成的集合叫整数集，包括全体正整数、全体负整数和0。德语中整数的字母是由"Z"开头，因此德国女数学家诺特在引入整数环概念的时候，就将整数环记作"Z"。从那时候起，整数集就用"Z"表示了。

正　数

　　正数是数学术语，比0大的数叫作正数，0本身不算正数。正数前面常常有一个符号"+"，一般可以省略不写。在数轴线上，正数都在0的右侧。正数有无数个，包括正有理数和正无理数，正有理数又包括正整数和正分数。

数字

正　数

　　正数中没有最大的数，也没有最小的数，而最小的正整数为1。如果去除正数前的正号，那么就等于这个正数的绝对值，也等于这个正数本身。如+2的绝对值为2，+5.33的绝对值为5.33，+45的绝对值为45等。

　　我比0大，我还包含小数，而整数是不包含小数的，温度计上"0"以上的数字都代表我哦！

28

有理数

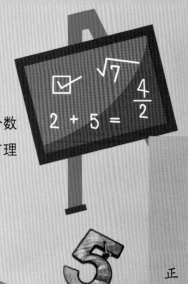

有理数是正整数、0、负整数和分数的统称，是整数和分数的集合。正整数和正分数合称为正有理数，负整数和负分数合称为负有理数。因此有理数集的数可以分为正有理数、负有理数和0。任何两个不相等的有理数都可以比较大小。

有理数集

有理数集是整数集的扩张，有理数集是稠密的，而整数集是密集的。将有理数按照大小顺序依次排列后，任何两个有理数之间必定还存在其他有理数，这就是稠密性。整数集没有这一特性，两个相邻的整数之间没有其他整数。

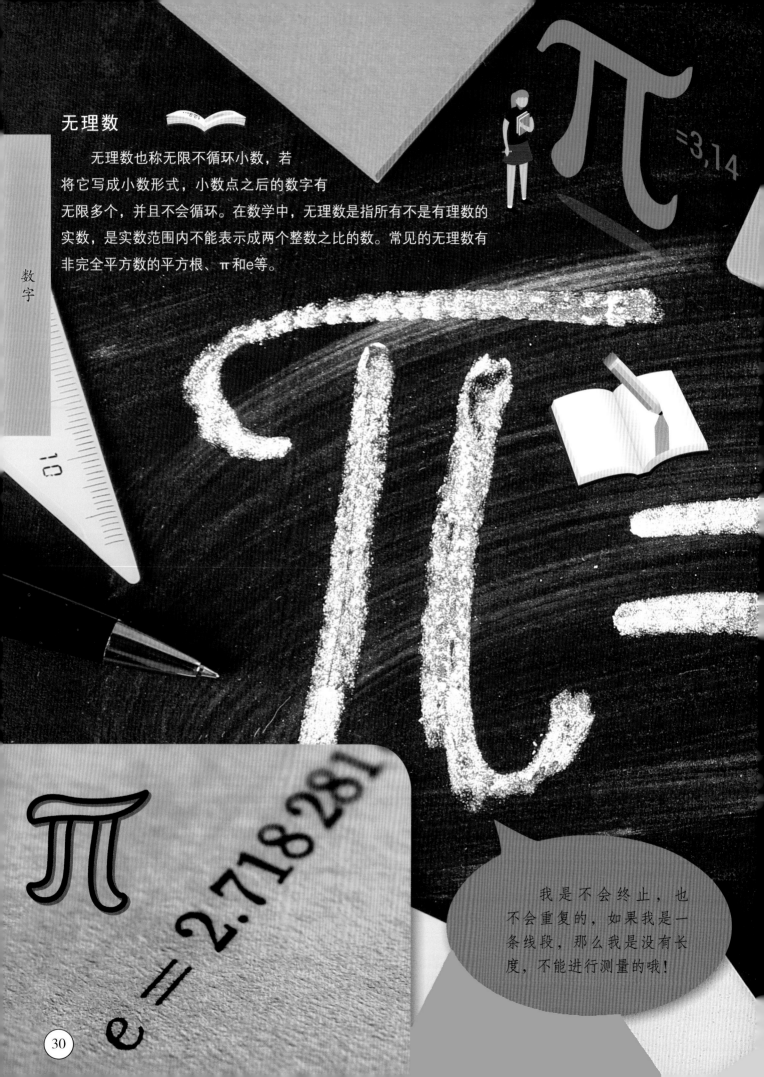

无理数

　　无理数也称无限不循环小数，若将它写成小数形式，小数点之后的数字有无限多个，并且不会循环。在数学中，无理数是指所有不是有理数的实数，是实数范围内不能表示成两个整数之比的数。常见的无理数有非完全平方数的平方根、π和e等。

我是不会终止，也不会重复的，如果我是一条线段，那么我是没有长度，不能进行测量的哦！

数字

正整数

　　正整数和整数一样，也是一个可数的无限集合。在数论中，正整数是指大于0的整数，也是整数与正数的交集，如1、2、3……。正整数又可以分为质数、1和合数，如+1、+6、+3、+5，这些都是正整数。

　　正整数是表示物体个数的数，正分数是表示一个整体的一份或几份，小朋友，千万不要搞混哦！

正分数

　　正分数是指在有理数的集合中，大于0的分数叫正分数。正分数也可以认为是可以化成分数的正有限小数和正无限循环小数。无限循环小数属于有理数，有理数的小数部分是有限或无限循环的数，所以换算成的分数也是正分数。

阅读大视野

　　最早记载正数的是《九章算术》。在算筹中规定"正算赤，负算黑"，就是用红色算筹表示正数，黑色的表示负数。也可以用斜摆的小棍表示负数，用正摆的小棍表示正数。

负数

负数是数学术语，比0小的数叫作负数，负数与正数表示意义相反的量。负数前面有一个符号"－"，相当于减号。在数轴线上，负数都在0的左侧。负数都比0小，因此负数都比正数小。0既不是正数，也不是负数。

产 生

人们在生活中经常会遇到各种相反意义的量。在记账时有余有亏，在计算粮仓存米时，有时要记进粮食，有时要记出粮食。为了方便，人们就考虑用相反意义的数来表示，于是人们引入了正负数的概念。

在古代商业活动中，收入为正，支出为负，增产为正，减产为负，中国人使用负数是世界首创哦！

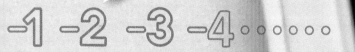

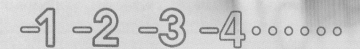

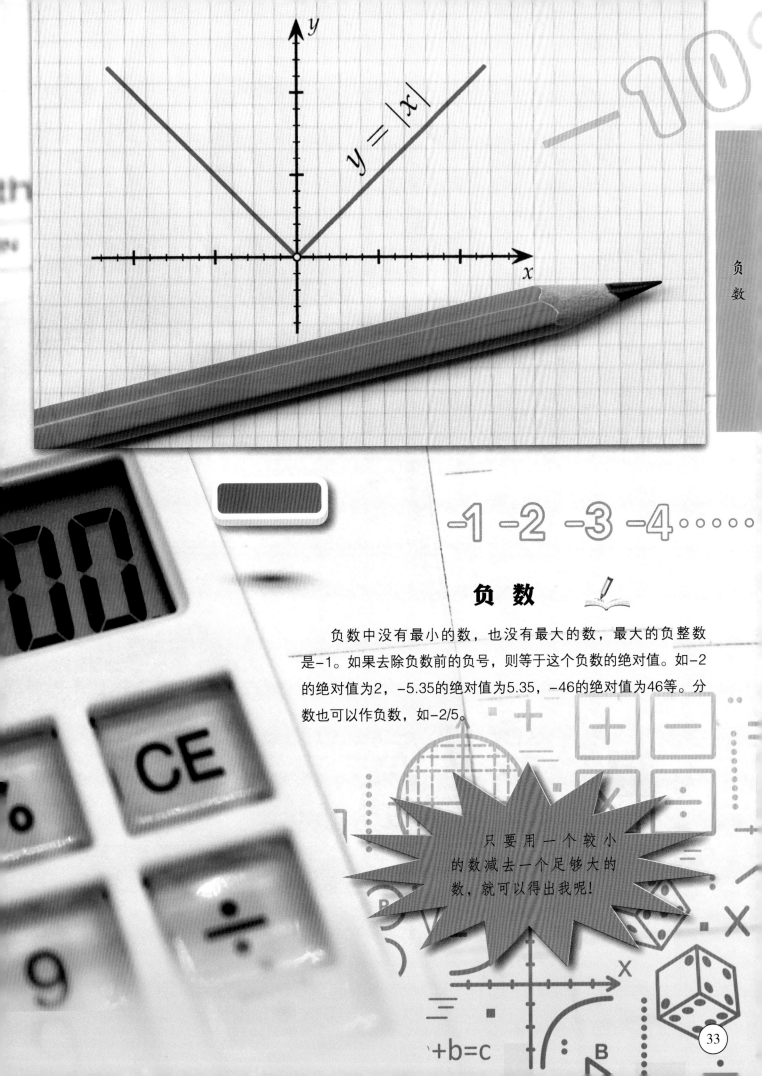

$y = |x|$

-1 -2 -3 -4 ○○○○○

负 数

负数中没有最小的数，也没有最大的数，最大的负整数是-1。如果去除负数前的负号，则等于这个负数的绝对值。如-2的绝对值为2，-5.35的绝对值为5.35，-46的绝对值为46等。分数也可以作负数，如-2/5。

只要用一个较小的数减去一个足够大的数，就可以得出我呢！

+b=c

负分数

负分数是指小于0的分数，也指可以化成分数的负有限循环小数和负无限循环小数。判断一个数是否为负分数时，一定要依据它最原始的形态来判断。分数包括真分数和假分数，真分数又包括一般真分数和最简真分数，它们具有完全不一样的意义。

比较大小

比较两个负数的大小，负号后面的数大，这个数反而小。如-3与-5，5大于3，但是-5小于-3。而负号后面的数小，那么这个数反而大。如-6与-8，6小于8，但是-6大于-8。

负整数

负整数是在自然数前面加上负号所得的数，如 -1、-2、-3、-38……都是负整数，负整数是小于 0 的整数。负整数中存在着最大值，但是不存在最小值。负整数与负整数的和仍然为负整数，负整数与负整数的积则为正整数。

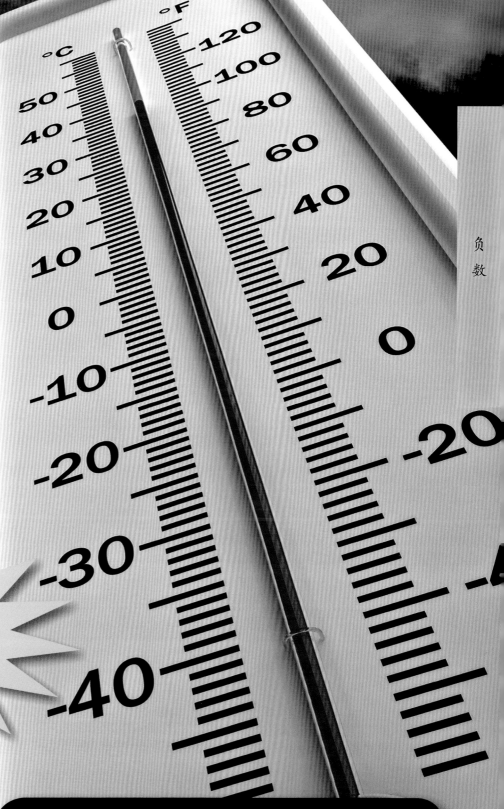

负数

我们都是比"0"还要小的数，地下建筑用负数表示，零下温度是负数，小朋友们，快去生活中找找负数吧！

阅读大视野

负数可以广泛应用于温度、楼层、海拔、水位、盈利、减产、支出、扣分等情况中。如夏天，在武汉的气温最高可达42摄氏度，你会想到武汉就好像火炉；冬天哈尔滨的气温达到零下32摄氏度，一个负号就能够让你感到北方冬天的寒冷。

小 数

数字

　　小数是实数的一种特殊表现形式，所有的分数都可以表示成小数。整数部分是0的小数叫纯小数，整数部分不是0的小数叫带小数。在小数的末尾添上0或去掉0，小数的大小不变。小数中的圆点叫作小数点，它是一个小数的整数部分和小数部分的分界号。

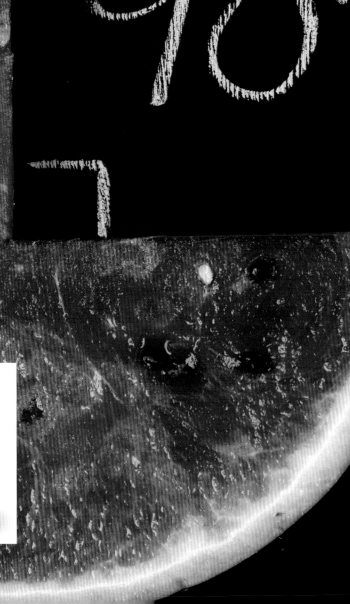

　　我后面的小数个数是有限的，是可以数清楚的，如果我是一条线段，是能够进行测量的哦！

有限小数

　　有限小数是指两个数相除，如果得不到整商时，则会在除到小数的某一位后，不再有余数的一种小数。如2.14，5.364，8.3216等，这些小数后面存在有限个小数。有限小数都属于有理数，可以化为分数形式。

无限小数

无限小数是指经过计算化为小数后，小数部分无穷尽，不能整除的数。分为无限循环小数与无限不循环小数两类。循环小数是指一个数的小数部分从某一位起，一个或几个数字依次重复出现的无限小数。

大家好，我是小数点，别看我个子小，本领却大极了，只要我动一动，要那些数变大就变大，要变小就变小呢！

循环小数

一个数的小数部分从某一位起，一个或几个数字依次重复出现的无限小数叫循环小数。循环小数会有循环节，并且可以化为分数。循环小数的缩写法是将第一个循环节以后的数字全部略去，而在第一个循环节首末两位上方各添一个小点。

$$100+102.63$$

$$400 \div 75 = \underline{5.333\cdots}$$

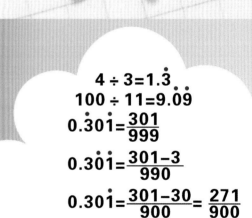

小数点后面的某一位开始，会重复出现一组数字，这一组数字会重复无限次哦！

$$
\begin{array}{r}
5.333\cdots \\
75\overline{\smash{\big)}\,400} \\
\underline{375} \\
250 \\
\underline{225} \\
250 \\
\underline{225} \\
250 \\
\underline{225} \\
25
\end{array}
$$

$$4 \div 3 = 1.\dot{3}$$
$$100 \div 11 = 9.\dot{0}\dot{9}$$
$$0.3\dot{0}\dot{1} = \frac{301}{999}$$
$$0.3\dot{0}\dot{1} = \frac{301-3}{990}$$
$$0.30\dot{1} = \frac{301-30}{900} = \frac{271}{900}$$

循环节

如果无限小数的小数点后，从某一位起向右进行到某一位置的一节数字循环出现，这一节数字则称为循环节。判断一个小数是不是循环小数，关键是要先判断这个小数是不是无限小数，其次再看这个小数的小数部分是否有重复出现的数字。

小数点

　　小数点属于数学符号，写作"．"，用于在十进制中隔开整数部分和小数部分。小数点尽管小，但是作用很大，我们时刻都不可以忽略这个小小的符号。因为这个不起眼的差错，人类酿过一个又一个悲剧，正可谓差之毫厘，谬以千里。

阅读大视野

　　中国自古以来就使用十进制计数法，所以很容易产生小数的概念。第一个将小数概念用文字表达出来的是魏晋时代的刘徽。他在计算圆周率的过程中，用到尺、寸、分、厘、毫、秒、忽等七个单位。对于忽以下的更小单位则不再命名，而是统称为微数。

分 数

分数表示一个数是另一个数的几分之几，或一个事件与所有事件的比例。分数的分子在上，分母在下，也可以把它当作除法来看，用分子除以分母，相反除法也可以改为用分数表示。因为0在除法中不能作除数，所以分母不能为0。

历 史

在历史上，分数几乎与自然数一样古老。早在人类文化发明的初期，由于进行测量和均分的需要，所以人们就引入并且使用了分数。在许多民族的古代文献中，都有关于分数的记载和各种不同的分数制度。

把一个橙子分为10块儿，其中3块可以表示为十分之三（$\frac{3}{10}$），3是分子，10就是分母哦！

分 数

把单位"1"平均分成若干份，表示这样的一份或几份的数就叫分数。分数中间的一条横线叫分数线，分数线上面的数叫分子，分数线下面的数叫分母，读作几分之几。分数可以表述成一个除法算式，如二分之一等于1除以2。

真分数的值小于1，假分数的值大于或等于1，带分数的值大于1，小朋友，要牢记哦！

真分数

真分数是指分子小于分母，并且分子和分母无公约数的分数，也指分子、分母互质的分数。真分数一般是在正数的范围内研究的比值小于1的分数，但是等于1不算。如1/2、3/5、7/9等，这些都是真分数。

假分数

假分数是指分子大于或者等于分母的分数，假分数通常大于1或等于1。假分数和真分数相对，通常也是在正数的范围内讨论的。如2/2、7/3、9/5等，这些都是假分数。一个假分数，如果分子不能被分母整除，可以写成带分数的形式。

带分数

带分数是指一个正整数和一个真分数合并成的分数。从本质上看，不能把带分数作为分数的一种，带分数是假分数的一种形式。带分数中前面的正整数是它的整数部分，后面的真分数是它的分数部分，带分数大于1。

阅读大视野

我国春秋时代的《左传》中，规定了诸侯的都城大小，最大不可以超过周文王国都的三分之一，中等的不可以超过五分之一，小的不可以超过九分之一。这说明分数在我国很早就出现了，并且广泛应用于社会生产和生活中。

百分数

　　百分数是指表示一个数是另一个数的百分之几的数，也叫百分率或百分比。百分比是一种表示比例、比率或分数数值的方法。百分数通常不会写成分数的形式，而是采用符号百分号"％"来表示。百分数只表示两个数的关系，所以百分号后面不可以加单位。

百分数

　　百分数是指分母为100的特殊分数，它的分子可以不是整数。由于百分数的分母都是100，也就是都以1％作为单位，因此便于比较。成和折则表示十分之几，如"三成"和"三折"，代表30/100、30％或0.3。

GET EXTRA
30% OFF

　　我在生活中是随处可见的，商品标签上都会注明含量成分的多少，上面使用的就是百分数哦！

0%　5%　10%　15%

35%　40%　45%　5

70%　75%　80%　8

25%

与小数互化

百分数化小数时，要先去掉百分号，再把小数点向左移两位，如75%可以化为0.75。小数化为百分数，要先加上百分号，再把小数点向右移两位，如0.62可以化为62%。需要说明的是，100%等于1.00，也就是等于1。

与分数互化

百分数化分数时，要先把百分数写成分母是100的分数，然后再进行约分化简。如果百分数的分子是小数，则要先把分子化成整数。分数化为百分数，先用分子除以分母，化成小数后，再化成百分数。

当百分数的分子是小数时，要记得先把分子化成整数，最后的结果要化为最简分数哦！

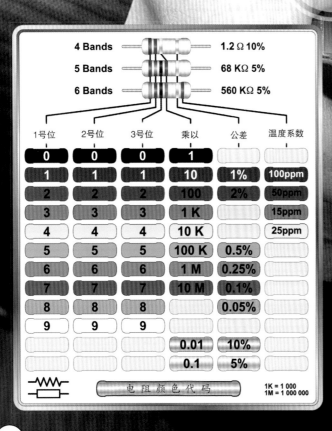

			4 Bands		1.2 Ω 10%
			5 Bands		68 KΩ 5%
			6 Bands		560 KΩ 5%

1号位	2号位	3号位	乘以	公差	温度系数
0	0	0	1		
1	1	1	10	1%	100ppm
2	2	2	100	2%	50ppm
3	3	3	1 K		15ppm
4	4	4	10 K		25ppm
5	5	5	100 K	0.5%	
6	6	6	1 M	0.25%	
7	7	7	10 M	0.1%	
8	8	8		0.05%	
9	9	9			
			0.01	10%	
			0.1	5%	

电阻颜色代码

1K = 1 000
1M = 1 000 000

约 分

把分数化成最简分数的过程就叫约分。约分的依据为分数的基本性质，是指把一个分数的分子、分母同时除以公约数，分数的值不变。约分时，如果能够很快看出分子和分母的最大公约数，直接用它们的最大公约数去除则比较简便。

$$= 1\frac{1}{2} + \frac{5}{4} \cdot \frac{4}{3} - \frac{7}{8} =$$

$$= 1\frac{1}{2} + \frac{5}{3} - \frac{7}{8}$$

最简分数

　　分子、分母只有公因数1的分数叫最简分数，如2/3、8/9、3/8等。最简分数又叫既约分数，既约分数可以理解为已经约分过的分数，也就是分子和分母是互质数的分数。用公约数去除分数的分子和分母时，通常要除到最简分数为止。

　　约分后的分数更加简约，除了方便计算和比较大小，还能够找出等值分数哦！

阅读大视野

　　电视里的天气预报节目中，都会报出当天晚上和明天白天的天气状况、降水概率等，如今晚的降水概率是20%。发布调查研究结果时，对实验对象宏观的描述也会用到百分数。如某实验得出结论，经常看短信的人智商会下降10%。

质数和合数

　　合数是指自然数中除了能够被1和它本身整除外，还能够被其他数整除的数。与之相对的是质数，而1既不属于质数也不属于合数。质数是指在大于1的自然数中，除了1和它本身以外不再有其他因数的自然数。

质 数

　　质数也称为素数，它的个数是无限的。任何一个大于1的自然数，要么本身是质数，要么可以分解为几个质数之积，并且这种分解是唯一的。所有大于10的质数中，个位数只有1、3、7、9。

质数、合数

1	2	3	4	5	6	7	8	9	10
11	12	13	14	15	16	17	18	19	20
21	22	23	24	25	26	27	28	29	30
31	32	33	34	35	36	37	38	39	40
41	42	43	44	45	46	47	48	49	50
51	52	53	54	55	56	57	58	59	60
61	62	63	64	65	66	67	68	69	70
71	72	73	74	75	76	77	78	79	80
81	82	83	84	85	86	87	88	89	90
91	92	93	94	95	96	97	98	99	100

合 数

所有大于2的偶数都是合数，合数可以分为偶合数和奇合数，最小的偶合数是4，最小的奇合数是9。所有个位为4、6、8的自然数都是合数。所有大于5的奇数中，个位为5的自然数都是合数。除了0以外，所有个位为0的自然数都是合数。

质数和合数

想要正确认识我，可以先试着找一找我会被哪些数整除，我最少能够被3个数整除哦！

质因数

质因数在数论里是指能够整除给定正整数的质数。每个合数都可以写成几个质数相乘的形式，这几个质数就都叫作这个合数的质因数。如果一个质数是某个数的因数，那么就说这个质数是这个数的质因数，而这个因数一定是质数。

$$
\begin{array}{r|l}
2 & 360 \\
2 & 180 \\
2 & 90 \\
2 & 45 \\
3 & 15 \\
& 5
\end{array}
$$

数字

完全数

完全数又称完美数或完备数，是指一些特殊的自然数。如果一个数恰好等于它的因子之和，则称该数为完全数。第一个完全数是6，第二个完全数是28，第三个完全数是496。"6"有约数1、2、3、6，除去它本身外，其余3个数相加等于6。

1+2+3=6

1+2+4+7+14=28

1+2+4+8+16+31+62+124+248=496

·····························8128

·····························33550336

·····························

亲和数

亲和数又称相亲数、友爱数、友好数，指两个正整数中，除了它本身外，彼此的全部约数之和与另一方相等。220与284是人们认识的第一对亲和数，人们还发现每一对奇亲和数中都有3、5、7作为素因数。

质数和合数

质数的分布是有规律的，质数的个数以波浪形式渐渐增多，孪生质数也有同样的规律哦！

阅读大视野

公元前6世纪的古希腊数学家毕达哥拉斯和他的学派在数学上有很多创造。毕达哥拉斯是最早研究完全数的人，第一对亲和数也是由他发现的。完全数和亲和数诞生后，吸引了众多数学家与业余爱好者，他们好像淘金一样去寻找。

数位与位数

数位是指写数时，把数字并列排成横列，一个数字占有一个位置，这些位置都叫作数位。一个自然数数位的个数叫作位数，含有一个数位的数是一位数,含有两个数位的数是两位数。数位与位数具有不同的概念，但是它们的关系却非常密切。

数字

数位的表示

数位顺序表从整数部分的右端算起，每四个数位是一级。数级包括亿级、万级、个级。数位包括千亿位、百亿位、十亿位、亿位、千万位、百万位、十万位、万位、千位、百位、十位、个位。如6在十位上表示六个十，在百位上表示六个百，在亿位上表示六个亿。

整 数 数 位 顺 序 表

数级	亿级				万级				个级			
数位	千亿位	百亿位	十亿位	亿位	千万位	百万位	十万位	万位	千位	百位	十位	个位
计数单位	千亿	百亿	十亿	亿	千万	百万	十万	万	千	百	十	个

位数的表示

位数中最大的一位数是9，最小的一位数是1，最大的两位数是99，最小的两位数是10，最大的三位数是999，最小的三位数是100。如256含有个、十、百三个位数，五位数56458含有个、十、百、千、万五个位数，n位数则含有n个位数。

喂喂喂，我是110，我有一个百位加一个十位，表示3个位数哦！

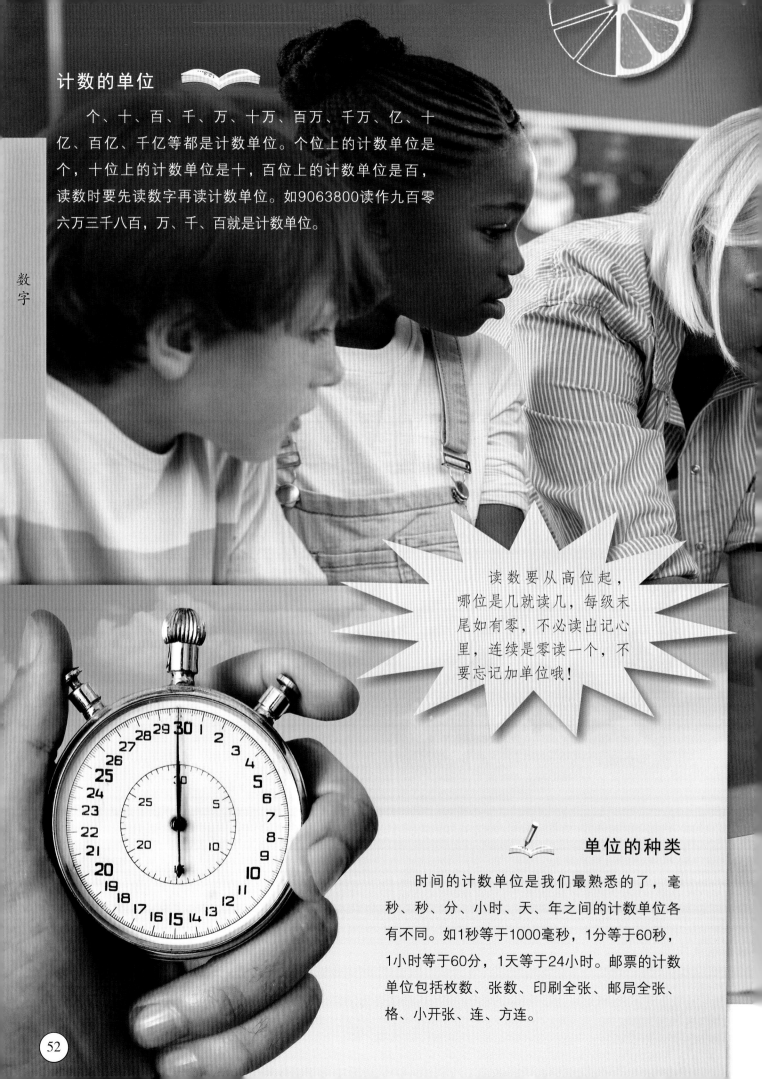

计数的单位

个、十、百、千、万、十万、百万、千万、亿、十亿、百亿、千亿等都是计数单位。个位上的计数单位是个，十位上的计数单位是十，百位上的计数单位是百，读数时要先读数字再读计数单位。如9063800读作九百零六万三千八百，万、千、百就是计数单位。

数字

读数要从高位起，哪位是几就读几，每级末尾如有零，不必读出记心里，连续是零读一个，不要忘记加单位哦！

单位的种类

时间的计数单位是我们最熟悉的了，毫秒、秒、分、小时、天、年之间的计数单位各有不同。如1秒等于1000毫秒，1分等于60秒，1小时等于60分，1天等于24小时。邮票的计数单位包括枚数、张数、印刷全张、邮局全张、格、小开张、连、方连。

数级的表示

数级是指为了方便人们记读阿拉伯数字的一种识读方法，在位值制的基础上，以三位或四位分级的原则把数读写出来。

通常在阿拉伯数字的书写上，以小数点或者空格作为各个数级的标识，从右向左把数分开，如3 000 000。

数位与位数

阅读大视野

音乐文件的属性包括艺术家、发行年数、持续时间、类型、位数、大小等。其中的位数包括24kbps、48kbps、96kbps、128kbps、320kbps等，位数越高歌曲音质越好，听上去越清晰，效果越好。一般来说，位数为128kbps的音效就可以，还能够节省空间。

进位计数制

　　进位计数制是指人为定义的带进位的计数方法，也有不带进位的计数方法。如原始的结绳计数法，唱票时常常用到的正字计数法。十进制是指逢十进一，十六进制是指逢十六进一，二进制就是逢二进一，以此类推，x进制就是逢x进一。

十进制计数

　　人们算数采用十进制，可能跟人们有十根手指有关。十进制是指逢十进一，逢二十进二，以此类推的计数方法。十进制计数法是古代世界中最先进、最科学的计数法，对世界科学和文化的发展有着不可估量的作用。

　　一只手两只手，握成两只小拳头，小拳头伸开来，长出十个小朋友，小朋友真乖呀！

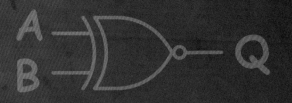

A	B	Q
0	0	1
0	1	0
1	0	0
1	1	1

进位计数制

二进制计数

德国数学家莱布尼茨是世界上第一个提出二进制计数法的人。二进制在数学和数字电路中是指以2为基数的计数系统，只需要用0和1两个符号，不需要其他符号。数字电子电路中，逻辑门的实现就应用了二进制。

八进制计数

由于二进制数据的基数R较小，所以二进制数据的书写和阅读不方便，因此人们引入了八进制。八进制是指以8为基数的计数法，采用0、1、2、3、4、5、6、7八个数字，逢八进1。八进制的数和二进制的数可以按位对应，因此常常应用在计算机语言中。

十六进制计数

由于二进制数在使用中位数太长，不容易记忆，所以又提出了十六进制数。十六进制是指逢16进1的进位制计数法，一般使用数字0到9和字母A到F表示，其中A到F表示10到15，这些称作十六进制数字。

二进制、八进制、十进制、十六进制的对应关系

十进制	二进制	八进制	十六进制	十进制	二进制	八进制	十六进制
0	0	0	0	10	1010	12	A
1	1	1	1	11	1011	13	B
2	10	2	2	12	1100	14	C
3	11	3	3	13	1101	15	D
4	100	4	4	14	1110	16	E
5	101	5	5	15	1111	17	F
6	110	6	6	16	10000	20	10
7	111	7	7	17	10001	21	11
8	1000	10	8	18	10010	22	12
9	1001	11	9	19	10011	23	13

数字

质数的分布是规律的，质数的个数以波浪形式渐渐增多，孪生质数也有同样的规律哦！

PYTHON

位权的表示

位权是指数制中每一个固定位置所对应的单位值。处在多位数某一位上的"1"所表示的数值大小，称为该位的位权。如十进制第2位的位权为10，第3位的位权为100，而二进制第2位的位权为2，第3位的位权为4。

阅读大视野

有学者对中国青海乐都具柳湾出土的一千多枚新石器时代骨片进行研究。骨片上有刻痕，最少的有一个，最多的不超过八个，每个骨片上的刻痕数目不超过十个。他们据此认为新石器时代就已经有加法运算和十进制计数法。

PHP

数字货币

数字货币可以认为是一种基于节点网络和数字加密算法的虚拟货币，是电子货币形式的替代货币。数字货币是一种不受管制的数字化货币，通常由开发者发行和管理，被特定虚拟社区的成员所接受和使用。数字金币和密码货币都属于数字货币。

核心特征

数字货币的核心特征主要体现在三个方面：一是数字货币没有发行主体，因此没有任何人或机构能够控制它的发行；二是数字货币的总量固定，这从根本上消除了通货膨胀的可能；三是数字货币的交易过程需要网络中的各个节点认可，因此足够安全。

> 魔兽世界的黄金也是我的一种形式，可以通过完成任务来获取哦！

主要类型

按照数字货币与实体经济以及真实货币之间的关系，可以分为三类：一是完全封闭的、与实体经济毫无关系且只能在特定虚拟社区内使用；二是可以用真实货币购买，但是不能兑换回真实货币；三是可以按照一定的比率与真实货币进行兑换、赎回。

交易模式

现阶段的数字货币更像一种投资产品，因为缺乏强有力的担保机构维护其价格的稳定，它作为价值尺度的作用还未显现，无法充当支付手段。数字货币作为投资产品，它的发展离不开交易平台、运营公司和投资者。

交易特点

数字货币与传统的银行转账、汇款等交易方式相比，它不需要向第三方支付费用，交易成本更低。它所采用的区块链技术具有去中心化的特点，不需要任何类似清算中心的中心化机构来处理数据，交易处理速度更快捷。

我是价值的数字化表示，可用于真实的商品和服务交易，还能够保护你的隐私哦！

交易匿名

除了实物形式的货币能够实现无中介参与的点对点交易外，数字货币相比于其他电子支付方式的优势之一就在于支持远程点对点支付。它不需要任何可信的第三方作为中介，交易双方可以在完全陌生的情况下完成交易而无须彼此信任，因此它具有更高的匿名性。

阅读大视野

比特币的出现对已有的货币体系提出了一个巨大挑战。它不依靠特定的货币机构发行，它依据特定算法，通过大量计算产生。虽然它属于广义的虚拟货币，但是却与网络企业发行的虚拟货币有着本质区别，因此称它为数字货币。

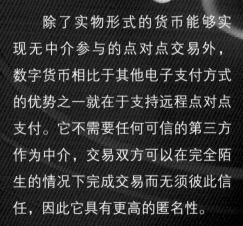

计算是指根据已知数通过数学方法求得未知数的一种过程。我们可以运用各种算法进行算术，一个计算式包括数据、计算符号以及计算结果，计算方法有加、减、乘、除、乘方、开方等。数学计算中的关系是计算原理中必须阐明的理论基础。

算筹计算

　　根据史书记载和考古材料发现，算筹实际上是由一根根同样长短和粗细的小棍子组成，多数使用竹子制作，也有使用木头、兽骨、象牙、金属等材料制作而成的。需要计数和计算的时候，就把它们取出来，放在桌上、炕上或地上等进行摆弄。

算筹的发明

　　在春秋战国时期，算筹的使用已经非常普遍了。别看这些都是一根根不起眼的小棍子，在中国数学史上它们却是立有大功的。而它们的发明，同样经历了一个漫长的历史发展过程。中国古代数学的早期发达与持续发展都受惠于算筹。

　　我的大小就和你使用的中性笔一样，可以进行各种简单或复杂的运算哦！

算筹的摆法

　　在算筹计数法中，以纵横两种排列方式来表示单位数目。其中1至5分别以纵横方式排列的相应数目来表示算筹，6至9则以上面的算筹再加下面相应的算筹来表示。算筹计数和运算时，采用标准的十进位计数法。

算筹乘法运算

用算筹进行乘法计算时，先摆乘数于上，再摆被乘数于下。并且使上数的首位与下数的末位对齐，按照从左到右的顺序用上数首位乘下数各位，把乘得的积摆在上下两数中间。直到上数各位依次乘完，中间的数便是结果。

算筹的规则

用算筹表示多位数时，个位用纵式，十位用横式，百位用纵式，千位用横式，万位用纵式，遇零则空格。这样从右到左，纵横相间，以此类推，就可以用算筹表示出任意大的自然数了。由于纵横变换，每一位都有固定的摆法，所以既不会混淆，也不会错位。

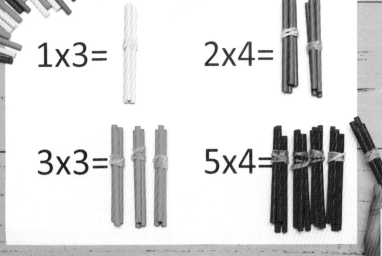

$$1 \times 3 =$$
$$2 \times 4 =$$
$$3 \times 3 =$$
$$5 \times 4 =$$

千万不要因为我是一根根小小棍子就小看我，在数学史上，我发挥了许多功不可没的作用呢！

算筹的成就

中国古代十进位制的算筹计数法，在世界数学史上是一个伟大的创造。与世界上其他计数法比较，算筹计数法的优越性是显而易见的。中国古代数学之所以能在计算方面取得许多卓越的成就，在一定程度上应该归功于这一符合十进位制的算筹计数法。

阅读大视野

伟大思想家马克思在他的《数学手稿》一书中称十进位计数法是最奇妙的发明之一。而两千多年前我们的祖先就懂得了十进位算筹计数精妙的计算，真是太神奇了。算筹是在珠算发明以前，中国独创的最有效的计算工具。

珠算计算

算盘是中国古代劳动人民发明创造的一种简便计算工具。珠算就是以算盘为工具进行数字计算的一种方法，被誉为中国的"第五大发明"。现如今，古老的算盘不仅没有被废弃，反而因为它的灵便、准确等优点，受到了许多人青睐。

珠算的历史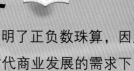

公元190年，我国数学家刘洪成功发明了正负数珠算，因此被后人尊为珠算的早期奠基人。在中国古代商业发展的需求下，珠算术普遍得到推广，并逐渐取代了算筹。珠算的发明使人们的计算能力产生了一次飞跃，并且长期沿用了下来。

我可以帮助你改变学习态度，增加专注力，锻炼你的独立思维能力哦！

算盘的结构

算盘是中国传统的计算工具，是由算筹逐渐演变而来的。算盘为长方形，中间有一道横梁把算珠分为上下两部分，上面有两颗算珠，一颗算珠代表"5"，下面有五颗算珠，一颗算珠代表"1"。而每颗算珠都被一根柱子贯穿，称为"档"，一般为9至15档。

清盘与置数

清盘就是把靠近横梁的算珠用手指拨去成为空盘。将数码拨入空盘，使算珠靠近横梁叫置数。算盘计数时，用档表示位，高位在左，低位在右，每隔一档相差10倍。用算珠表示数，靠近横梁的算珠表示数字，离开横梁的算珠表示"0"。

算盘的计位

算盘计位采用国际上通用的三位分节制，也就是三个数字为一段，用横梁上的记位点隔开。珠算是用手指进行拨珠运算的，手指拨珠的方法叫指法。一般情况下使用菱珠小算盘，用拇指、食指拨珠，称为二指法。

握笔的方法

珠算运算需要用手拨珠，又要用手持笔书写计算结果，所以要求握笔运算。我们可以将笔夹在无名指和小指之间，笔尖在小指方向，笔身横在右手拇指与食指间。也可以将笔横在右手拇指与食指间，笔头上端伸出虎口，笔尖露在拇指与中指之外。

阅读大视野

2013年12月，联合国教科文组织保护非物质文化遗产政府间委员会第八次会议在阿塞拜疆首都巴库通过决议，正式将中国珠算项目列入教科文组织人类非物质文化遗产名录。这也是中国第30项被列为非物质文化遗产的项目。

计算符号

数学计算符号的发明以及使用要比数字晚，但是数量却超过了数字。现代数学中经常用到的数学符号已经超过了200个，而且每一个符号都有一段有趣的经历。数学计算符号为数学这门学科的发展提供了有利条件，使表达数学内容变得更加简洁方便。

加 号

加号是用来表示正数或加法的数学符号，属于第一级运算符号。加号曾经有好几种，现代数学通用"+"号来表示。古埃及的阿默斯纸草书就记载有加号以及减号，他们用向右走的两条腿表示加号，而向左走的两条腿则是减号。

一横一竖是加号，只有一横是减号，两线交叉是乘号，横线上下有两点是除号，小朋友们，运算符号要记牢哦！

减 号

十六世纪，许多数学家用拉丁词语plus和minus的首字母表示加号和减号。减号同时也具有负号的意义，也可以表示将某事物从某事物中除去，现代数学通用"–"号来表示。加减运算是人类最早掌握的两种数学运算之一。

正负号

　　正负号为"±"，表示正或负，在数学中用来表示有理数的正负或者对数进行四则运算中的加减运算。物理中正负号不是单一的概念，有时候在物理中使用正负号等同于数学中有理数的正负，有时候使用正负号用来表示物理量的性质与方向。

乘　号

　　英国数学家威廉·奥特雷德在著作《数学之钥》中首次以"×"表示两数相乘，也就是现在的乘号。后来，德国数学家莱布尼茨提出以圆点表示乘，防止"×"号与字母"X"混淆。乘号用于四则运算中，表示积的运算。

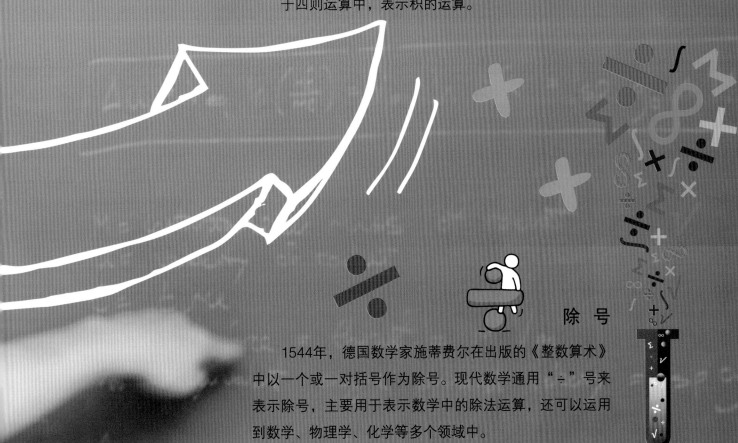

除　号

　　1544年，德国数学家施蒂费尔在出版的《整数算术》中以一个或一对括号作为除号。现代数学通用"÷"号来表示除号，主要用于表示数学中的除法运算，还可以运用到数学、物理学、化学等多个领域中。

等号

相等是数学中最重要的关系之一，当一个数值与另一个数值相等时，用等号"="来表示它们之间的关系。英国数学家列科尔德富有创见性地用两条平行且相等的线段来表示相等，用"="替换单词表示相等是数学史上的一个进步。

约等号

约等号是用来表示两个数近似相等的符号，经常见到的写法是"≈"，是两条不相交的曲线。还有一种写法是等号上面加一点，下面加一点，写作"≒"，读作约等于或近似于。除了取近似商用约等号以外，其余情况一般都用等号。

又平又直的两条线是等号，尖尖朝右是大于号，尖尖朝左是小于号，小朋友们，记清楚了吗？

不等号

数量有大小之分，有大小就会有等或不等的关系，不等号就是表示两个量数之间不等关系的符号，现代数学通用符号"≠"来表示不等号。大于号、小于号、大于等于号和小于等于号也属于不等号。

大于号

　　大于号是数学不等式中的一种运算符号，被广泛应用于算数中，现在通用"＞"来表示。英国数学家哈里奥特于1631年开始采用现今通用的大于号"＞"以及小于号"＜"，但是当时并没有被数学界所接受，后来才成为标准的应用符号。

小于号

　　小于号是数学不等式中的一种运算符号，当一个数值比另一个数值小时，使用小于号来表示它们之间的关系。为了寻求一套表示大于或小于的符号，数学家们绞尽了脑汁。现代数学通用"＜"，表示符号左边的数字小于符号右边的数字。

大于等于号

　　把"＞""＝"这两个符号结合起来，得到符号"≥"，称为大于等于号。当一个数值比另一个数值大或两数相等时使用大于等于号，也称为不小于。大于等于号运用简易数理逻辑表示大于或等于，满足其中任一不等式就可以成立。

小于等于号

小于等于是一种判断方式，在各种数学或编程中都会出现，用来表示不等式左侧的值小于等于不等式右侧的值，符号为"≤"，也称为不大于。命题中，小于等于是小于或者等于，只要满足一个条件就可以成立。

计算

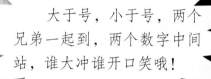

大于号，小于号，两个兄弟一起到，两个数字中间站，谁大冲谁开口笑哦！

百分号

百分号的符号是"％"，是指表示分数的分母为100的符号。如32%表示一百分之三十二，相当于小数的0.32。千分号则是在百分号的基础上再加一个圆圈，写作"‰"。而万分号也是同样的道理，在千分号的基础上加一个圆圈，以此类推，亿分号可想而知。

分数线

意大利数学家斐波那契是分数线的创始人。分数线是指分子与分母之间的那一条横线，有时也会以斜杠"/"的形式出现，斜杠左边是分子，右边是分母。在某种意义上说，分数线等于除号和比号，分子是被除数，分母是除数。

比 号

比号可以用来表示两个量的倍数比关系，比号前面的数叫比的前项，比号后面的数叫比的后项，写作"："。比号的前项除以后项得到的数叫比值，比值可以用分数表示，也可以用小数或整数表示。

绝对值符号

绝对值符号最早为计算机语言，后来才被人们接受，并且沿用至今，成为人们通用的绝对值符号，写作"‖"。绝对值是指一个数在数轴上所对应的点到原点的距离，也可以认为是与0之间的距离。

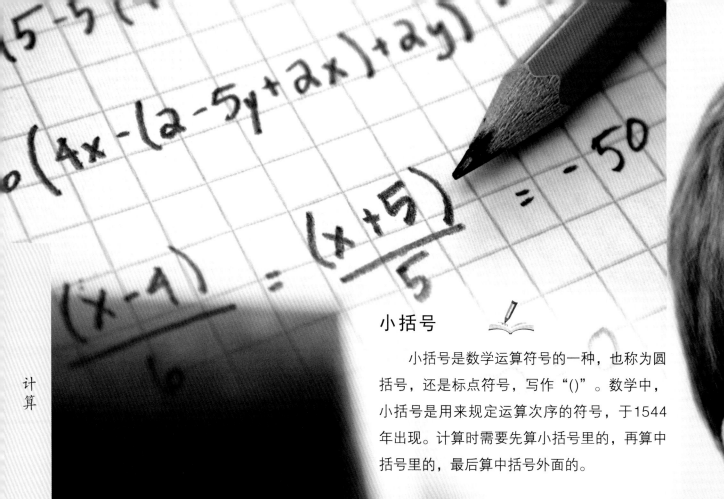

计算

小括号

小括号是数学运算符号的一种，也称为圆括号，还是标点符号，写作"()"。数学中，小括号是用来规定运算次序的符号，于1544年出现。计算时需要先算小括号里的，再算中括号里的，最后算中括号外面的。

遇到括号怎么办，小括号里算在先，中括号里后边算，次序千万不能乱哦！

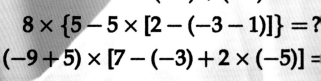

$$9 - 4 \times 2 - (-3) + (-2) = ?$$
$$8 \times \{5 - 5 \times [2 - (-3 - 1)]\} = ?$$
$$(-9 + 5) \times [7 - (-3) + 2 \times (-5)] = $$

中括号

中括号又称方括号，用符号"[ ]"表示。直至17世纪，中括号才出现在英国数学家瓦里斯的著作中。在数学中，中括号除了做辅助运算符号外，有时还会用来表示该数的整数部分，也可以表示两个整数的最小公倍数。

$$[5-(8+9)+2]$$

计算的时候，要依照括号小中大的顺序，先算里面再算外面，小朋友们千万不要搞错哦！

$$[10+(8+9)-2/5]$$

大括号

1593年，法国数学家弗朗索瓦·韦达引入大括号，18世纪以后在世界通用。现代数学通用"{}"表示大括号，大括号在中括号外时，表示中括号外的下一层运算，还可以作为表示集合的符号。

阅读大视野

很久以前，数学王国里乱糟糟的，没有任何秩序。0至9十个兄弟不仅在王国中称王称霸，而且还总是吹嘘自己的本领。数学天使看到这种情况很生气，于是就派了">""<"和"="等小天使到了数学王国，这些小天使让王国变得有秩序起来。

加法

　　加法是指将两个或两个以上的数、量合起来，变成一个数、量的计算。加法是基本的四则运算之一，其余的是减法、乘法和除法。加法是完全一致的事物，也就是同类事物的重复或累计，是数字运算的开始。

整数加法

　　进行整数运算时，相同数位对齐，从个位开始算起，满几十就向高一位进几。同号两数相加，取与加数相同的符号，并把绝对值相加。异号两数相加，取绝对值最大的加数的符号，并用较大的绝对值减去较小的绝对值。加法中，加0不改变结果。

小数加法

　　小数运算时，小数点对齐，相同数位对齐，按照整数加法法则进行计算。在得数里要对齐横线上的小数点，点上小数点，得数的末尾有0，一般会把0去掉。

　　进位加法我会算，数位对齐才能加，个位对齐个位加，满十要向十位进，十位相加再加一，得数算得快又准哦！

分数加法

　　同分母分数相加，分母不变，也就是分数单位不变，分子相加。异分母分数相加，先进行通分，将异分母分数转化为同分母分数，改变分数单位，而大小不变，再按照同分母分数相加去计算。最后能够约分的要进行约分，计算结果为最简分数。

计算

加法交换律

加法交换律是数学计算的法则之一，指两个加数相加，交换加数的位置，和不变。交换律是二元运算的一个性质，指在一个包含有二个以上的可交换运算子的表示式中，只要算子没有改变，运算的顺序就不会对运算出来的值有影响。

多位数相加，先加前面的数或先加后面的数，和是不会变的哦！

加法

加法结合律

加法结合律即三个数相加，先把前两个数相加，或者先把后两个数相加。和不变，这叫做加法结合律。如数字表示：2+3+5=(2+3)+5=10
也可以是：2+3+5=2+(3+5)=10

阅读大视野

小咪的家里来了6位同学，她的爸爸想用苹果来招待这6位小朋友。可是家里只有5个苹果，只能把苹果切开，可是又不能切成碎块，小咪的爸爸希望每个苹果最多切成3块。给6个孩子平均分配5个苹果，每个苹果不许切成3块以上，该怎么做呢？

减法

减法是指已知两个加数的和与其中的一个加数，求另一个加数的运算。简单来讲，就是从一个数中减去另一个数的运算。加法和减法叫一级运算，如果只有加和减，需要从左往右计算。如果有括号，需要先算括号里面的数。

整数减法

进行整数减法运算时，相同数位对齐，从个位开始算起，不够减时，就从高一位退1当10和本数位相加后再减。一位数或两位数减去一位数，而差是一位数的减法法则。根据减法是加法的逆运算关系，可以利用加法表来进行逆向计算。

笔算减法要注意，相同数位要对齐，计算先从个位起，个位不够减，十位来退一，小朋友们，要牢记哦！

小数减法

小数运算时，小数点对齐，相同数位对齐，再按照整数减法法则进行计算。在得数里要对齐横线上的小数点，点上小数点，得数的末尾有0，一般会把0去掉。

分数减法

分数减法同整数减法的意义一样，分数减法是分数加法的逆运算。也就是指已知两个分数的和与其中一个分数，求另一个分数的运算。分数减法运算，只有在被减数不小于减数的时候，才可以施行，并且运算结果是唯一的。

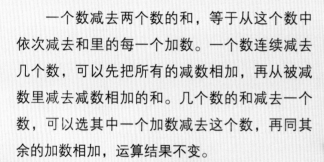

减法运算性质

一个数减去两个数的和，等于从这个数中依次减去和里的每一个加数。一个数连续减去几个数，可以先把所有的减数相加，再从被减数里减去减数相加的和。几个数的和减去一个数，可以选其中一个加数减去这个数，再同其余的加数相加，运算结果不变。

减法的本质

减法是一种数学运算，表示从集合中移除对象的操作。减法是反交换的，意味着改变顺序就是改变了答案的符号。它不具有结合性，也就是说，当一个减数超过两个数字时，减法的顺序是重要的。减法中，减0不改变结果。

减法

整数减法有规律，相同数位要对齐，大减小时落下差，小减大时去借位，连续借位要细心，借走剩几要牢记哦！

$$21-8=13$$
$$19-7=11$$

阅读大视野

小鹿住在河边，他要到对岸就得走很远的路，从水浅的地方过河。有一天，它终于下定决心开始造桥，造桥要用一年时间。从第一天开始，它就在坚持做减法，减去一天，就向成功靠近一步。日子一天天过去，小鹿的减法做完了，门前有了一座结实的桥。

乘法

25 × 25 = 625

乘法是指将相同的数加起来的快捷方式，是求两个数乘积的运算。从哲学角度解析，乘法是加法的量变导致的质变结果。一个数乘整数，是求几个相同加数和的简便运算。一个数乘小数或分数，是求这个数的几分之几是多少。

整数乘法

计算

乘号前面和后面的数叫作因数，等于号后面的数叫作积。乘法运算时，从个位开始乘起，依次用第二个因数上的每位数去乘第一个因数，再把几次乘得的数加起来。两数相乘，同号得正，异号得负，并把绝对值相乘。

整数乘法低位起，积的末位对各位，计算准确对好位，乘法口诀是根据，细心计算出得数哦！

$$
\begin{array}{r}
12 \\
\times\ 12 \\
\hline
24 \\
+\ 12\ \ \\
\hline
144
\end{array}
$$

小数乘法

小数乘法运算时，按照整数乘法的法则先求出积，再看因数中一共有几位小数，就从积的右边起数出几位点上小数点。如果小数的末尾出现0时，根据小数的基本性质，把小数末尾的0画去小数点也去掉。

分数乘法

分数乘整数时，用分数的分子和整数相乘的积作分子，分母不变分数乘分数时，分子与分子相乘，分母与分母相乘，能够约分的要先进行约分，分子不能和分母相乘。做第一步时，就要想一个分数的分子和另一个分母能不能约分。

$$3 \times 3 = 9$$

乘法的性质

几个数的积乘一个数，可以让积里的任意一个因数乘这个数，再和其他数相乘。两个数的差与一个数相乘，可以让被减数和减数分别与这个数相乘，再把所得的积相减。任何数与0相乘，结果都为0。

$$6 \times 3 = 18$$

乘法运算定律

乘法交换律是指两个数相乘，交换因数的位置，积不变。乘法结合律是指三个数相乘，先把前两个数相乘，或先把后两个数相乘，再和另外一个数相乘，积不变。乘法分配律是指两个数的和与一个数相乘，可以先把它们分别与这个数相乘，然后再相加。

一只青蛙一张嘴，两只眼睛四条腿，两只青蛙两张嘴，四只眼睛八条腿，三只青蛙三张嘴，扑通扑通跳下水……

阅读大视野

大清早，公鸡就大声叫了起来："喔喔喔，喔喔喔，喔喔喔，喔喔喔。" 一只小喜鹊被惊醒了，它发现公鸡的叫声是有规律的，公鸡每次叫3声，一共叫12声。于是，它也发出了一串有趣的声音："喳喳，喳喳，喳喳，喳喳，喳喳。"

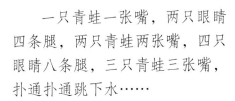

除法

除法是指已知两个因数的积与其中的一个因数，求另一个因数的运算。只有乘和除，要从左往右计算。乘法是加法的简便运算，除法是减法的简便运算。减法与加法互为逆运算，除法与乘法互为逆运算。

计算

整数除法

除号前面和后面的数叫作被除数和除数，等于号后面的数叫作商 。除法运算时，从被除数的高位除起，如果不够除，就要多看一位。数位不够时，添"0"来补位。除到哪一位就要把商写在哪一位上面，每次除得的余数必须比除数小。

先看被除数的最高位，高位不够就多一位，余数要比除数小，这样运算才正确哦！

小数除法

除数是整数的小数除法，先按照整数除法的法则去除，商的小数点要和被除数的小数点对齐。除数是小数的小数除法，先把除数的小数点去掉，使它变成整数，再按照除数是整数的小数除法进行计算。

分数除法

分数除法的计算法则为，甲数除以乙数（0除外），等于甲数乘以乙数的倒数，分数除法的结果能够约分的要进行约分。当除数小于1时，商大于被除数，当除数等于1时，商等于被除数，当除数大于1时，商小于被除数。

从左到右依次算，先算乘除后加减，括号依次小中大，先算里面后外面，横式计算竖检验，一步一查是关键哦！

除法的性质

若某个数除以一个数，又乘以同一个数，则这个数不变。一个数除以几个数的积，可以用这个数依次除以积里的各个因数。几个数的和除以一个数，可以先让各个加数分别除以这个数，然后再把各个商相加。

综合算式

综合算式是指一个算式里同时有加减乘除的算式。如果只有加和减或者只有乘和除，从左往右计算。加法和减法叫一级运算，乘法和除法叫二级运算，如果一级运算和二级运算同时有，先算二级运算。如果有括号，要先算括号里的数。

阅读大视野

有一天，加减乘除一起去看电影，售票员不让它们同时进去，得一个一个进去。它们争吵了起来，都说自己要第一个进去，最后找了智慧老人来评理。智慧老人说，只要谁带了小括号，谁就先进去。如果都没带小括号，就是乘除先进去，加减后进去。

乘方与开方

乘方是指求n个相同因数乘积的运算，乘方的结果叫作幂。开方是指求一个数的方根的运算，是乘方的逆运算。任意一个数都可以看作是自己本身的一次方，指数1通常省略不写。除0以外的任何数的0次方均等于1，0的非正指数幂没有意义。

乘方常用公式

同底数幂相乘除，原来的底数作底数，指数的和或差作指数。两个数的和乘以两个数的差，等于它们的平方差。幂的乘方，底数不变，指数相乘。积的乘方，先把积中的每一个因数分别乘方，再把所得的幂相乘。

计算

两个正整数乘积的尾数等于它们尾数乘积的尾数，一个正整数的乘方尾数常常是按照一定规律循环出现的哦！

$$A=\pi r(r+\sqrt{h^2+r^2})$$

乘方符号法则

同指数幂相乘，指数不变，底数相乘。两个数和的平方或差的平方，等于它们的平方和加上或减去它们积的2倍。负数的偶次幂是正数，负数的奇数幂是负数。正数的任何次幂都是正数，0的任何正数次幂都是0。

平方根

平方根又叫二次方根，是开方运算的基础，其中属于非负数的平方根称之为算术平方根。一个正数有两个平方根，它们互为相反数，负数没有平方根，0的算术平方根为0。所有正数中，被开方数越大，对应的算术平方根也越大。

立方根

一个数的2次方根称为平方根，3次方根称为立方根，各次方根统称为方根。在平方根中的根指数2可以省略不写，但是立方根中的根指数3不能省略不写。在实数范围内，任何实数的立方根只有一个，负数不能开平方，但是可以开立方。

笔算开平方的运算比较复杂，但是它可以求出具有任意精确度的近似值哦！

开平方运算

开平方是一种数学运算方式，指求一个数的平方根的运算，开平方是平方的逆运算。如果遇到开不尽的情况，可以根据要求的精确度求出它的近似值。在实数范围内，任意一个实数的奇数次方根有且仅有一个。

阅读大视野

国际象棋起源于印度，一共有64个格子，国王要奖赏象棋的发明者。发明象棋的宰相跪在国王面前说："皇帝陛下，请在棋盘的第1个格子里放上1颗麦粒，第2个格子里放上2颗麦粒，第3个格子里放上4颗麦粒，以此类推，每个格子里放的麦粒数都是前一个格子里的2倍。请都赏给你的仆人吧！"

四舍五入

四舍五入是一种精确度的计数保留法。它的特殊之处在于，采用四舍五入能够使被保留部分与实际值的差值不超过最后一位数量级的二分之一。假如0至9等概率出现的话，对大量的被保留数据而言，这种保留法的误差总和是最小的。

近似值

近似值是指接近标准或接近完全正确的一个数字。通常，取近似数的方法有四舍五入法、退一法和进一法等。在实际问题中，许多数值是无法完全准确的，考虑这些数值的大概数值就是近似数，也称为近似值。

尾数长短无所谓，只看尾数最高位，如果够5就进1，否则全部都舍去，还要记得把等号换成约等号哦！

精确度

从左边第一个不是零的数字起，到精确到的那一位数止，所有的数字都叫作这个数值的有效数字。在实际计算时，对精确的要求提法不同，一般是"精确到哪一位""保留几位数"或"保留几个有效数字"。在没有特殊说明的情况下，要遵循四舍五入的原则。

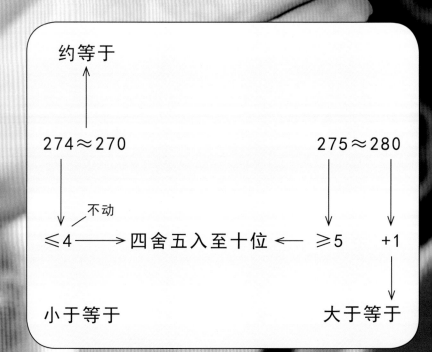

约等于

$274 \approx 270$ $275 \approx 280$

不动

$\leq 4 \longrightarrow$ 四舍五入至十位 $\longleftarrow \geq 5$ $+1$

小于等于   大于等于

四舍五入

四舍五入里的四舍是1、2、3、4，五入是5、6、7、8、9。据要求，尾数的最高位数小于或等于4的，就直接舍去。如果尾数的最高位数大于或等于5的，把尾数舍去后，再向它的前一位进"1"，也就是满五进一。

生活中，四舍五入的方法不一定都适用，有时也会用到进一法哦！

去尾法

去尾法也叫去尾原则，是指去掉数字的小数部分，取整数部分的常用数学，取的值为近似值，比准确值小。去尾法常常被用在生活之中，一般是把所要求去尾的数值化成小数，然后直接去掉小数部分，取整数部分的值。

进一法

进一法也称为收尾法，是指去掉尾数以后，在需要保留的部分的最后一位数字上进"1"。这样得到的近似值为过剩近似值，也就是比准确值大。用进一法凑整时，无论凑整到哪一位，省略的位上只要大于0都要进一位，然后再把后面的数都改写成"0"。

阅读大视野

数学商店来了一位新服务员，它就是小"4"。一天，小3到数学商店买了一支铅笔，小4说："你应该付1元5角4分。"小3付了1元5角后问："还有4分可怎么付呀？"小4说："这4分钱你不用付了，这是本店的一个规定，叫作四舍五入。"

最大公因数

最大公因数也称最大公约数、最大公因子，几个数都能够被同一个数一次性整除，这个数就叫作这几个数的最大公因数。求最大公因数有多种方法，常见的有质因数分解法、短除法、辗转相除法、更相减损法。

约数和倍数

如果数a能够被数b整除，a就叫作b的倍数，b就叫作a的约数。约数和倍数都表示一个整数与另一个整数的关系，不能单独存在。只能说16是某数的倍数，2是某数的约数，而不能孤立地说16是倍数，2是约数。

倍与倍数

倍与倍数是不同的两个概念，倍是指两个数相除的商，它可以是整数、小数或分数。倍数只是在数的整除范围内，相对于约数而言的一个数字概念，表示能够被某一个自然数整除的数。几个整数中公有的约数，叫作这几个数的公约数。

因数和倍数是相对的，倍数一般比自己大，因数一般比自己小哦！

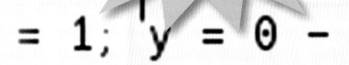

质因数分解法

每个合数都可以写成几个质数相乘的形式，其中每个质数都是这个合数的因数，把一个合数用质因数相乘的形式表示出来，叫作分解质因数。把每个数分别分解质因数，再把各数中的全部公有质因数提取出来连乘，所得的积就是这几个数的最大公因数。

计算

短除法

短除法求最大公约数，先用这几个数的公约数连续去除，一直除到所有的商互质为止，然后把所有的除数连乘起来，所得的积就是这几个数的最大公因数。短除法的本质就是质因数分解法，只是将质因数分解用短除符号来进行。

辗转相除法

辗转相除法也叫欧几里德算法。用辗转相除法求几个数的最大公约数，可以先求出其中任意两个数的最大公约数，再求这个最大公约数与第三个数的最大公约数，以此类推，直到最后一个数为止。最后所得的那个最大公约数，就是所有数的最大公约数。

分解质因数，方法是短除，除数是质数，商也是质数，公有的约数叫公约数，公约数中最大的就叫最大公约数哦！

阅读大视野

更相减损法是出自中国古代数学专著《九章算术》的一种求最大公约数的算法，它原本是为约分而设计的，但是却适用于任何需要求最大公约数的场合。更相减损法以减法为主，与辗转相除法相比，计算次数相对较少。

最小公倍数

两个或多个整数公有的倍数叫作它们的公倍数，其中除0以外，最小的一个公倍数就叫作它们的最小公倍数。如果两个数是倍数关系，则它们的最小公倍数就是较大的数，相邻的两个自然数的最小公倍数是它们的乘积。

计算

互质数

互质数是数学中的一种概念，指两个或多个整数的公因数只有1的非零自然数，若干个互质数的最小公倍数是它们乘积的绝对值。1和任何自然数互质，两个不同的质数互质，一个质数和一个合数不是倍数关系时互质，不含相同质因数的两个合数互质。

任何两个相邻的数互质，但是互质的两个数并不一定都是质数哦！

解：

$$\begin{array}{r|l} 2 & 90 \\ \hline 3 & 45 \\ \hline & 15 \end{array}$$

因此所求

2×3

最小公倍数

两个自然数的乘积等于这两个自然数的最大公约数和最小公倍数的乘积。最小公倍数的计算要把三个数的公有质因数和独有质因数都要找全，最后除到两两互质为止。倍数只有最小的，没有最大的，因为两个数的倍数可以无限大。

分解质因数

分解质因数法求最小公倍数，要先把这几个数的质因数写出来，最小公倍数等于它们所有质因数的乘积。如果有几个质因数相同，则比较两个数中，哪个数质因数的个数较多，然后乘较多的个数。

公约数，公倍数，关键要把"公"记住，公有的倍数叫公倍数，公倍数中最小的就叫最小公倍数哦！

公式法

求两个数的最小公倍数，可以先求出它们的最大公因数，然后再求出它们的最小公倍数。求几个自然数的最小公倍数，可以先求出其中两个数的最小公倍数，再求这个最小公倍数与第三个数的最小公倍数，依次求下去，直到最后一个为止。

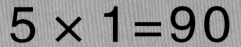

的最小公倍数为：

5 × 1=90

结 论

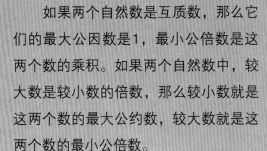

如果两个自然数是互质数，那么它们的最大公因数是1，最小公倍数是这两个数的乘积。如果两个自然数中，较大数是较小数的倍数，那么较小数就是这两个数的最大公约数，较大数就是这两个数的最小公倍数。

阅读大视野

1742年，数学家哥德巴赫提出了一个猜想，任何一个大于2的整数都可以写成三个质数之和。但是哥德巴赫无法证明它，就写信请赫赫有名的大数学家欧拉帮忙证明。然而一直到他离世，欧拉也没能证明这一猜想。于是，哥德巴赫猜想成了世界近代三大数学难题之一。

通分与约分

通分与约分的依据都是分数的基本性质。通分是把几个异分母分数化成与原来分数相等的同分母分数的过程。约分是把一个分数化成同它相等，但是分子、分母都比较小的分数。通分用最小公倍数，约分用最大公因数。

计算

分数的基本性质

分数代表整体的一部分，一个分数不是有限小数，就是无限循环小数。分数的分子、分母同时乘以或除以一个不等于零的数，分数的大小不变。因此，每一个分数都有无限个与其相等的分数。利用此性质，可以进行约分与通分。

通分和约分都不会改变我本身的大小，但是却让我变得更加清楚，更容易比较大小了哦！

通分

通分首先需要找出公分母，然后把需要通分的两个或几个分数的分母由异分母化成同分母。写成同分母后，你要看与原来分数相比，分母扩大了多少倍，那么分子也要同时扩大多少倍。这样通分后的分数大小才会与原来的分数大小相等。

约分是分式约分，把一个分数的分子、分母同时除以公约数，分数的值不变。约分时，先将分子和分母分解因数，然后再找出它们的公因数，最后消去非零公因数。如果能够很快看出分子和分母的最大公因数，可以直接用它们的最大公因数去除。

最简分数

分数的分子和分母是互质数的分数叫最简分数。最简分数的分子和分母没有除"1"以外的其他公因数。最简分数又叫既约分数，既约分数可以理解成已经约分过的分数。

通分与约分

小朋友要牢记，最小的公因数必定是"1"，我们看到的题目都是求最大公因数哦！

公因数

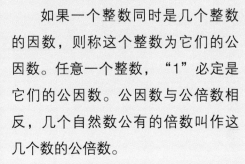

如果一个整数同时是几个整数的因数，则称这个整数为它们的公因数。任意一个整数，"1"必定是它们的公因数。公因数与公倍数相反，几个自然数公有的倍数叫作这几个数的公倍数。

阅读大视野

分数王国里，真分数说它们长得和国王一样，上身小，下身大，是真正的分数。而假分数名字上带有假字，长得也不像国王，所以它们肯定是假的分数。没想到这句玩笑话激怒了假分数，他们集结起来，很快占领了都城的西边，要与真分数一较高下。

比与比例

比表示两个数相除，有两项，分为前项和后项。比例表示两个或多个比相等的式子，有四项，包括两个内项，两个外项。比的基本性质是比的前项与后项同时乘或除以相同的数（0除外），比值不变，比例的基本性质是比例的内项之积等于比例的外项之积。

1 比

比是由一个前项和一个后项组成的除法算式，但是除法算式表示的是一种运算，而比则表示两个数的关系。比跟除法、分数比较，比的前项相当于被除数、分子，比的后项相当于除数、分母。如3:4，3是比的前项，4是比的后项。

> 我在生活中随处可见，你去买东西时，如果单价一定，那么总价和数量是成正比例的哦！

比 例

比例是一个总体中各个部分的数量占总体数量的比重，用于反映总体的构成或者结构。在数学中，如果一个变量的变化总是伴随着另一个变量的变化，则两个变量是成比例的。如3:4=9:12，其中3与12叫比例的外项，4与9叫比例的内项。

比 值

比值是指两数相比所得的值，比值可以用分数表示，也可以用小数或整数表示。比值相当于商、分数值，比号相当于除号、分数线。比前项除以后项得到的数叫比值，比的后项乘以比值等于比的前项。

正比例

两种相关联的量，一种量变化，另一种量也随着变化，如果两种量中相对应的两个数的比值一定，这两种量就叫成正比例的量，它们的关系叫正比例关系。如速度一定，路程和时间成正比例；时间一定，路程和速度成正比例。

反比例

两种相关联的量，一种量变化，另一种量也随着变化，如果两种量中相对应的两个数的乘积一定，这两种量就叫成反比例的量，它们的关系叫反比例关系。如百米赛跑，路程不变，速度和时间是成反比例。

大家快来分蛋糕，这里也有数学小知识，你发现了吗？等分一块蛋糕，每人分到的蛋糕与人数是成反比例的哦！

比与比例

阅读大视野

数学王国里有整数、小数、分数、正数、负数等，它们生活得非常快乐，整天无忧无虑地玩耍。有一天，数学王国里来了一对奇妙的正反比例兄弟。国王对大家说，正反比例是数学家族的一员，它们的祖先几年前离开了，现在，它们又回来了。

黄金比例

把一条线段分割为两部分，较短部分与较长部分的长度之比等于较长部分与整体长度之比，得出的比值是一个无理数，取前三位数字的近似值是0.618。由于按照这个比例设计的造型十分美丽，因此被称为黄金比例。

黄金分割

2000多年前，古希腊雅典学派的第三大算学家欧道克萨斯首先提出黄金分割。黄金分割在文艺复兴前后，由阿拉伯人传入欧洲，欧洲人把它称为"金法"。17世纪，欧洲的一位数学家甚至称它为各种算法中最宝贵的算法。

计算

很多美丽壮观的建筑都采取我作为设计比例，真的很完美呢！

奇妙的黄金分割

黄金分割是一个古老的数学方法，对于它神奇的作用和魔力，数学上还没有明确的解释，只是发现它常常在实际应用中发挥着意想不到的作用。黄金分割数是无理数，它的比例与其倒数是一样的，如1.618的倒数是0.618，而1.618:1与1:0.618是一样的。

黄金比例

黄金比例具有严格的比例性、艺术性、和谐性，蕴藏着丰富的美学价值。在工艺美术和日用品的长宽设计中，采用黄金比例能够引起人们的美感。在很多科学实验中，选取方案常常采用0.618，这是一种优选法。

黄金矩形

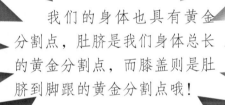

　　黄金矩形的长宽之比为黄金分割率，它的短边为长边的0.618倍。黄金分割率和黄金矩形能够给画面带来美感，令人愉悦。在很多艺术品以及大自然中都能找到它，希腊雅典的巴特农神庙就是一个很好的例子，蒙娜丽莎的脸同样也应用了该比例布局。

　　我们的身体也具有黄金分割点，肚脐是我们身体总长的黄金分割点，而膝盖则是肚脐到脚跟的黄金分割点哦！

黄金三角

　　黄金三角形是一个等腰三角形，它的腰与底为黄金比例。把五个黄金三角形称为"小三角形"，拼成的相似黄金三角形称为"大三角形"。它是唯一一种能够由5个全等的小三角形生成相似三角形的三角形。

阅读大视野

　　五角星是非常美丽的，我们的国旗上就有五颗，还有不少国家的国旗也用五角星。五角星中可以找到的所有线段之间的长度关系都是符合黄金比例的。正五边形对角线连满后出现的所有三角形，都是黄金分割三角形。

计算公式

计算公式是在研究自然界物与物之间时发现的一些联系，并通过一定方式表达出的一种方法。它能够表明关系不同事物数量之间的等或不等关系，是我们从一种事物到达另一种事物的依据。计算公式能够使我们更好的理解事物本质和内涵。

归一问题

解答复合应用题中的某些问题时，需要根据已知条件，先求出一个单位量的数值，如单位面积的产量、单位时间的工作量、单位物品的价格等。然后，再根据题中的条件和问题求出结果。这样的应用题叫作归一问题。

认真审清题目，找出已知条件，分析、判断和推理是解答应用题的关键哦！

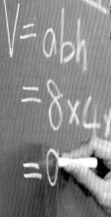

和差问题

已知两个数（大的数和小的数）的和以及它们的差，求这两个数各是多少的应用题叫作和差问题。小的数加上两个数的差就是大的数，两个数的和加上两个数的差便是大的数的2倍；大数减去两个数的差就是小的数，两个数的和减去两个数的差便是小的数的2倍。

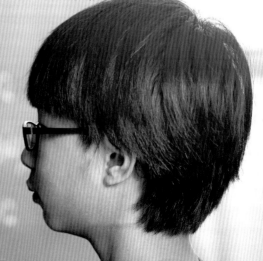

和倍问题

已知两个数（大的数和小的数）的和与两个数的倍数关系，求两个数各是多少的应用题叫作和倍问题。两个数的和除以两个数的倍数和等于小的数；小的数乘以两个数倍数等于大的数，或两个数的和减去小的数等于大的数。

$$v = \frac{s}{t}$$

$$3 \times 6 = 18$$

倍比问题

有两个已知的同类量，其中一个量是另一个量的若干倍，解题时先求出这个倍数，再用倍比的方法算出要求的数，这类应用题叫作倍比问题。数量关系是：总量÷一个数量=倍数；另一个数量×倍数=另一总量。

相遇问题

相遇问题是指两个物体从两地出发，相向而行，经过一段时间，必然会在途中相遇。相遇问题是研究速度、时间和路程三者数量之间的关系。数量关系是：速度和×相遇时间=路程；路程÷速度和=相遇时间；路程÷相遇时间=速度和。

遇到简单的应用题，我们可以直接运用数量公式计算，复杂的应用题可以变通后利用公式计算哦！

追及问题

追及问题是指两个物体在同一直线或封闭图形上运动所涉及的追及、相遇问题。追及问题分为两种，一种是双人追及、双人相遇；另一种是多人追及、多人相遇。数量关系是：速度差×追及时间=路程差；路程差÷速度差=追及时间；路程差÷追及时间=速度差。

植树问题

植树问题是指在一定的线路上,根据总路线长、间距长和棵数进行植树的问题。只要知道这三个要素中任意两个要素,就可以求出第三个要素。两端都植树:距离÷间隔长 +1=棵数;只有一端植树:距离÷间隔长=棵数;两端都不植树:距离÷间隔长 – 1=棵数。

年龄问题

两个人的年龄差总是不变的。两个人的年龄随着时间、年份的变化而增加或减少同一个自然数。随着年龄的增加,两个人年龄的倍数关系反而变小。数量关系是:大年龄=(两人年龄和+两人年龄差)÷2;小年龄=(两人年龄和–两人年龄差)÷2。

盈亏问题

盈亏问题是指一定人数平均分一定数量的物品,每个人分得少,就会有余数,每人分得多,则会不足的应用题。数量关系为:(盈+亏)÷(两次分得之差)=人数;(大盈–小盈)÷(两次分得之差)=人数;(大亏–小亏)÷(两次分得之差)=人数。

工程问题

假设工作总量为"1"，工作效率就是单位时间内完成的工作量。我们用的时间单位是"天"，1天就是一个单位。数量关系为：工作效率×时间=工作总量；工作效率=工作总量÷工作时间；工作时间=工作总量÷工作效率。

存款利率问题

把钱存入银行是有一定利息的，利息的多少与本金、利率、存款期限有关。数量关系为：年（月）利率=利息÷本金÷存款年（月）数×100%；利息=本金×存款年（月）数×年（月）利率；本利和=本金+利息=本金×［1+年（月）利率×存款年（月）数］。

我们可以先假设都是鸡，也可以假设都是兔，然后再通过置换解答问题哦！

鸡兔同笼问题

鸡兔同笼是中国古代的数学名题之一，可以用假设法、方程法、抬腿法、列表法、公式法求解。数量关系为：（兔的脚数×总只数－总脚数）÷（兔的脚数－鸡的脚数）=鸡的只数；总只数－鸡的只数=兔的只数。

阅读大视野

数学家阿基米德鉴定王冠时，先拿了同等重量的金块和银块，分别放入一个盛满水的容器中，发现银块排出的水多。又拿了与王冠重量相等的金块放入盛满水的容器里，测出排出的水量。再把王冠放入盛满水的容器里，看看排出的水量是否一样，问题就解决了。

云计算

云计算又称网络计算，是分布式计算的一种。通过这项技术，可以在很短时间完成数以万计的数据处理，达到强大的网络服务。现阶段的云计算不单单是一种分布式计算，而是分布式计算、效用计算、并行计算和虚拟化等计算机技术混合演进并跃升的结果。

计算

狭义云计算

"云"实质上就是一个网络，狭义上讲，云计算就是一种提供资源的网络。使用者可以随时获取"云"上的资源，按照需求量使用，并且可以看成是无限扩展的，只要按照使用量付费就可以。"云"就好像自来水一样，我们可以随便使用，只要付费就可以。

> 我只需要几秒钟时间，就能够完成很多数据处理，可以提供给人们一种全新的体验哦！

广义云计算

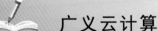

从广义上说，云计算就是一种与信息技术、软件、互联网相关的服务，这种计算资源共享池叫作"云"。云计算把许多计算资源集合起来，通过软件实现自动化管理，只需要很少的人参与，就能够让资源被快速提供。

云计算核心

云计算不是一种全新的网络技术，而是一种全新的网络应用概念。云计算的核心概念就是以互联网为中心，在网站上提供快速且安全的云计算服务与数据存储，让每一个使用互联网的人都可以使用网络上的庞大计算资源与数据中心。

我就好像是天上的云，看得见摸不着，我还可以作为服务供你使用，帮助你获得需要的资源哦！

云计算特点

云计算的可贵之处在于高灵活性、可扩展性和高性比等。必须强调的是，虚拟化突破了时间、空间的界限，是云计算最为显著的特点。云计算具有高效的运算能力，云计算平台能够根据用户的需求快速配备计算能力以及资源。

云计算服务

基础设施即服务是云计算的主要服务类别之一，它向云计算提供商的个人或组织提供虚拟化计算资源。平台即服务是为开发人员提供通过全球互联网构建应用程序和服务的平台。软件即服务也是服务的一类，通过互联网提供按需软件付费应用程序。

阅读大视野

2007年，云计算成为了计算机领域最令人关注的话题之一，同样也是大型企业、互联网建设着力研究的重要方向。因为云计算的提出，互联网技术和IT服务出现了新的模式，可以说是计算机网络领域的一次革命。

大数据

大数据是指无法在一定时间范围内用常规软件工具进行捕捉、管理和处理的数据集合。大数据与云计算之间的关系密不可分，它必须依托云计算的分布式处理、分布式数据库、云存储和虚拟化技术。随着云时代的来临，大数据也吸引了越来越多的关注。

计算

在海量数据资源中，真正有价值的数据少之又少，而我会把有价值的数据提炼出来哦！

大数据

大数据是需要新处理模式才能具有更强的决策力、洞察发现力和流程优化能力来适应海量、高增长率和多样化的信息资产。大数据必然无法用单台的计算机进行处理，必须采用分布式架构。它的特色在于对海量数据进行分布式数据挖掘。

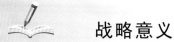

战略意义

大数据技术的战略意义不在于掌握庞大的数据信息，而在于对这些含有意义的数据进行专业化处理。如果把大数据比作一种产业，那么这种产业实现盈利的关键，在于提高对数据的"加工能力"，通过"加工"实现数据的"增值"。

所需技术

大数据需要特殊的技术，以有效处理大量的容忍经过时间内的数据。适用于大数据的技术包括大规模并行处理数据库、数据挖掘、分布式文件系统、分布式数据库、云计算平台、互联网和可扩展的存储系统。

我可以整合分析数据，从中挖掘出有效的信息，再实时反馈给你哦！

大数据

结构组成

大数据包括结构化、半结构化和非结构化数据，非结构化数据越来越成为数据的主要部分。在以云计算为代表的技术创新大幕下，这些原本看起来很难收集和使用的数据开始容易被利用起来了，通过各行各业不断创新，大数据会逐步为人类创造更多价值。

与云计算

大数据离不开云处理，云处理为大数据提供了弹性可拓展的基础设备，是产生大数据的平台之一。大数据技术和云计算技术紧密结合，物联网、移动互联网等新兴计算形态也将一起助力大数据革命，让大数据营销发挥出更大的影响力。

阅读大视野

有人把数据比喻为蕴藏能量的煤矿。煤炭按照性质有焦煤、无烟煤、肥煤、贫煤等分类，而露天煤矿、深山煤矿的挖掘成本又不一样。与此类似，大数据并不在于"大"，而在于"有用"。价值含量、挖掘成本比数量更为重要。

量子计算

量子计算是一种遵循量子力学规律调控量子信息单元进行计算的新型计算模式。传统通用计算机的理论模型是通用图灵机，通用量子计算机的理论模型是用量子力学规律重新诠释的通用图灵机。量子计算能够使计算机的计算能力大大超过今天的计算机。

计算

量子计算机

量子计算机是一类遵循量子力学规律进行高速数学、逻辑运算、存储以及处理量子信息的物理装置。当某个装置处理和计算的是量子信息，运行的是量子算法时，它就是量子计算机。量子计算机的特点主要有运行速度较快、处置信息能力较强、应用范围较广等。

我超级强大的计算能力会给人们未来生活带来巨大变化哦！

结构组成

量子计算机和许多计算机一样都是由许多硬件和软件组成的，软件方面包括量子算法、量子编码等，在硬件方面包括量子晶体管、量子储存器、量子效应器等。硬件组成在量子计算机的发展中占领着主要地位，发挥着重要运用。

叠加原理

普通计算机中的2位寄存器在某一时间只能够存储4个二进制数中的一个，而量子计算机中的2位量子位寄存器可以同时存储这四种状态的叠加状态，这使量子信息处理从效率上相比于经典信息处理具有更大潜力。

量
子
计
算

我可以同时执行多次计算，有可能会比当今最强大的超级计算机还要强大数万倍哦！

量子比特

经典计算机信息的基本单元是比特，比特是一种有两个状态的物理系统，用"0"与"1"表示。量子计算机的基本信息单位是量子比特，用两个量子态"｜0>"和"｜1>"代替经典比特状态。量子比特有着独一无二的特点，它以两个逻辑态的叠加态形式存在。

并行原理

量子并行计算是量子计算机能够超越经典计算机最引人注目的先进技术。量子计算机以指数形式储存数字，通过将量子位增加至300个，就能够储存比宇宙中所有原子还多的数字，并且能够同时进行运算。

阅读大视野

2019年8月，中国量子计算研究获得重要进展，科学家领衔实现高性能单光子源。他们在国际上首次提出一种新型理论，在窄带和宽带两种微腔上成功实现了确定性偏振、高纯度、高全同性和高效率的单光子源，为光学量子计算机超越经典计算机奠定了基础。

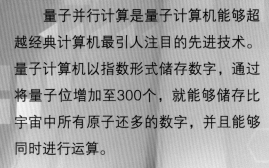

中国著名数学家

计算问题是现代社会各个领域普遍存在的共同问题，通过数据分析能够方便我们掌握事物发展的规律。中国古代的《九章算术》和《海岛算经》是最宝贵的数学遗产，为人们研究数学奠定了基础。

珠算奠基人刘洪

刘洪(约129-210年)，字元卓，东汉鲁王刘兴的后裔，是我国古代杰出的天文学家和数学家，珠算发明者和月球运动不均匀性理论发现者，被后世尊为"算圣"。公元190年，他成功发明了"正负数珠算"，因此被后人尊为"珠算"的早期奠基人和珠算之父。

计算

迟序之数，非出神怪，有形可检，有数可推。

——祖冲之

祖冲之

祖冲之（429-500年），字文远，中国南北朝时期杰出的数学家、天文学家。他一生钻研自然科学，主要贡献在数学、天文历法和机械制造三方面。他首次将"圆周率"精算到小数点后第七位，是对数学研究的重大贡献。

主要成就

祖冲之写过《缀术》五卷，被收入著名的《算经十书》中。在《缀术》中，他提出了"开差幂"和"开差立"的问题。开差幂指已知长方形面积和长宽的差，用开平方求它的长和宽。开差立指已知长方体的体积和长、宽、高的差，用开立方求它的边长。

秦九韶

秦九韶（1208-1268年），字道古，南宋著名数学家，精研星象、音律、算术、诗词等。他提出的秦九韶算法是多项式求值比较实用的算法，可以大幅简化运算。他的成就代表了中世纪世界数学发展的主流与最高水平，在世界数学史上占有崇高的地位。

数学九章

他的著作《数书九章》是对《九章算术》的继承和发展，概括了宋元时期中国传统数学的主要成就，标志着中国古代数学的高峰。其中的大衍求一术、三斜求积术和秦九韶算法是有世界意义的重要贡献，表述了求解一元高次多项式方程的数值解算法。

程大位

程大位（1533－1606年），明代商人、珠算发明家。由于商业计算的需要，他随时留心数学，并且遍访名师，还搜集了很多数学书籍刻苦钻研，时常会有心得。60岁时，他完成了著作《算法统宗》，可谓集成计算的鼻祖。

计算

珠算之父

《算法统宗》是一部十分重要的著作，对中国在民间普及珠算起到了很大作用。其中的珠算加法以及归除口诀与现今口诀相同，乘法以"留头乘"为主，除法以"归除法"为主，为后世珠算长期沿用。书中首先提出了归除开平方、开立方的珠算算法。

卷尺之父

程大位被誉为"卷尺之父"，世界第一把卷尺是他于1578年左右发明的，他当时把它称作"丈量步车"。在《算法统宗》中，有完整的卷尺零件图、总装图、设计说明和改型说明等全套书面资料，这在世界发明史上是相当罕见的。

李善兰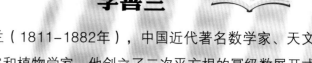

李善兰（1811-1882年），中国近代著名数学家、天文学家、力学家和植物学家。他创立了二次平方根的幂级数展开式，还研究各种三角函数、反三角函数和对数函数的幂级数展开式，这也是19世纪中国数学界最重大的成就。

主要贡献

李善兰的主要著作都汇集在《则古昔斋算学》内，共13种24卷。其中对尖锥求积术的探讨已经初具积分思想，对三角函数与对数的幂级数展开式、高阶等差级数求和等题解的研究，皆达到中国传统数学的较高水平。

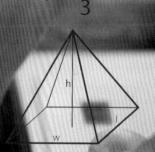

$$V = \frac{lwh}{3}$$

$$A = lw + l\sqrt{\left(\frac{w}{2}\right)^2 + h^2} + w\sqrt{\left(\frac{l}{2}\right)^2 + h^2}$$

陈建功

陈建功（1893-1971年），中国数学家、教育家等，是中国函数论研究的开拓者之一。他毕生从事数学教育和研究，在函数论，特别是三角级数方面卓有成就，创立了具有特色的函数论学派，享有国际声誉。

主要贡献

陈建功主要从事实变函数论、复变函数论和微分方程等方面的研究工作。他独立解决了函数可以用绝对收敛的三角级数来表示等根本性数学问题，得到了关于无条件收敛的判别理论。他在国内外学术刊物上先后发表数学论文60多篇，专著译著9部。

阅读大视野

程大位故居建于明代弘治年间，坐落于中国安徽省黄山市屯溪区，占地约540平方米，距今约有490年的历史。全馆共收藏文史资料4000多份，不同形状、不同功能的算具近千件，充分展示了珠算发展、演变的历史进程。

率的更精确值，生物学家需要通过计算，发现基因组的奥秘。人类未来科学离不开计算，很多数学家为此做出了巨大贡献。

计算

欧多克索斯

欧多克索斯（约公元前400-公元前347年），精通数学、天文学、地理学，他对数学最大的功绩是创立了一个关于比例的新理论。他首先引入"量"的概念，将"量"和"数"区别开来。他对数学的第二个贡献是建立了严谨的穷竭法，并用它证明了一些重要的求积定理。

我创立了关于比例的新理论，带你走进了无限美妙的数学世界哦！

110

阿耶波多

阿耶波多（476-550年），印度著名数学家、天文学家。他的作品《阿里亚哈塔历书》中提供了精确度达到5个有效数字的圆周率近似值，解释了正弦函数、一元二次方程解、99.8%精确度的地球周长、恒星年的长度等。

阿耶波多是迄今所知最早的印度数学家，他在数学领域做出了重要贡献哦！

斐波那契

斐波那契（1175-1250年），中世纪意大利数学家，是西方第一个研究斐波那契数的人，并将现代书写数和乘数的位值表示法系统引入欧洲。他的著作《计算之书》中包含了许多希腊、埃及、阿拉伯、印度和中国数学的相关内容。

斐波那契数列

斐波那契数列指1、1、2、3、5、8、13、21、34……，从第3项开始，每一项都等于前两项之和。斐波那契数列中任意一项的平方数都等于跟它相邻的前后两项的乘积加1或减1。任取相邻的四个斐波那契数，中间两数之积与两边两数之积相差1。

NICCOLA PISANO P.FEDI

弗朗索瓦·韦达

弗朗索瓦·韦达（1540–1603年），法国杰出数学家，在欧洲被尊称为"代数学之父"。他使用字母来表示已知数、未知数及其乘幂，带来了代数理论研究的重大进步。他讨论了方程根的多种有理变换，发现了方程根与系数的关系。

计算

$$a^2+b^2=c^2$$

主要成就

《分析方法入门》是韦达最重要的代数著作，也是最早的符号代数专著。当韦达提出类的运算与数的运算之间的区别时，就已经规定了代数与算术的分界。在《分析五篇》和《几何补篇》中，他说明了怎样用直尺和圆规做出导致某些二次方程的几何问题解。

约翰·卡尔·弗里德里希·高斯

约翰·卡尔·弗里德里希·高斯（1777-1855年），德国著名数学家、物理学家、天文学家、几何学家。18岁时，他发现了质数分布定理和最小二乘法，19岁的他仅用尺规便构造出了17边形。他被认为是世界上最重要的数学家之一，享有"数学王子"的美誉。

最小二乘法

最小二乘法是指通过对足够多的测量数据处理后，可以得到一个新的、概率性质的测量结果。在这些基础之上，高斯专注于曲面与曲线的计算，并成功得到高斯钟形曲线。他在最小二乘法基础上创立的测量平差理论帮助下，测算出了小行星谷神星的运行轨迹。

数学中的一些美丽定理具有这样的特性：它们极易从事实中归纳出来，但证明却隐藏的极深。
——高斯

数学贡献

高斯为流传2000年的欧氏几何提供了自古希腊时代以来的第一次重要补充。他总结了复数的应用，并且严格证明了每一个n阶代数方程必有n个实数或复数解。为了获知每年复活节的日期，高斯推导了复活节日期的计算公式。

约翰·冯·诺依曼

约翰·冯·诺依曼（1903-1957年），匈牙利数学家、计算机科学家、物理学家，是20世纪最重要的数学家之一。他是现代计算机、博弈论等领域内的科学全才之一，被后人称为"现代计算机之父""博弈论之父"。

如果有人不相信数学是简单的，那是因为他们没有意识到人生有多复杂！
——约翰·冯·诺依曼

计算

主要贡献

冯·诺依曼在纯粹数学和应用数学方面都有杰出的贡献，他在数理逻辑方面提出简单而明确的序数理论，并对集合论进行新的公理化，其中明确区别集合与类。他还研究希尔伯特空间上线性自伴算子谱理论，从而为量子力学打下数学基础。

艾伦·麦席森·图灵

艾伦·麦席森·图灵（1912-1954年），英国数学家、逻辑学家，被称为计算机科学之父、人工智能之父。图灵对于人工智能的发展有着诸多贡献，他提出了一种用于判定机器是否具有智能的试验方法，称为图灵实验。至今，每年都有实验的比赛。

一位如谜一般的解谜者，自信满怀又异常谦卑，我行我素又能够按照逻辑设计输出，他广为人知，又像永远的谜！

可计算性理论

可计算性理论作为计算理论的一个分支，研究在不同的计算模型下哪些算法问题能够被解决。图灵把可计算函数定义为图灵机可计算函数，他证明了图灵机可计算函数与可定义函数是等价的，对数理逻辑的发展起到了巨大的推动作用。

图灵实验

图灵实验由计算机、被测试者组成，计算机和被测试者分别在两个不同的房间里，通过一些装置向计算机和被测试者随意提问。进行多次测试后，如果机器让平均每个参与者做出超过30%的误判，那么这台机器就通过了测试，并且被认为具有人类智能。

阅读大视野

高斯从小就很有数学天赋，他上小学时，老师布置了一道计算题：$1+2+3+\cdots\cdots+98+99+100=?$ 他很快就算出来了，因为他发现 $1+100=101$、$2+99=101$、$3+98=101\cdots\cdots$ 总共是50个101，所以结果就是 $101\times50=5050$。

数学

在人类历史发展和社会生活中，数学发挥着不可替代的作用，它同时也是学习和研究现代科学技术必不可少的基本工具。数学是研究数量、结构、变化、空间以及信息等概念的一门学科，从某种角度看，是属于形式科学的一种。现代数学要求我们用数学的眼光来观察世界，用数学的语言来阐述世界。

数学史

在中国古代，数学叫作算术，又称算学，最后才改为数学，属于古代六艺之一。而数学基本概念的精炼早在古埃及、美索不达米亚以及古印度内的古代数学文本内便有记录。基础数学的知识与运用是个人与团体生活中不可或缺的一部分。

数学的起源

数学起源于人类早期的生产活动中。古巴比伦人从远古时代开始已经积累了一定的数学知识，并且能够应用于实际问题中。从数学本身看，他们的数学知识也只是观察和经验所得，没有综合结论和证明，但是也要充分肯定他们对数学做出的贡献。

Υ-1 $\Upsilon\Upsilon$-2 $\Upsilon\Upsilon\Upsilon$-3 $\blacktriangledown$-4 $\blacktriangledown\blacktriangledown$-5

$\blacktriangledown\blacktriangledown\blacktriangledown$-6 $\blacktriangledown\blacktriangledown$-7 $\blacktriangledown\blacktriangledown\blacktriangledown$-8 $\blacktriangledown\blacktriangledown\blacktriangledown$-9 $\langle$-10

-20 $\langle\langle\langle$-30 $\langle\!\!\!\langle$-40 $\langle\!\!\!\langle$-50 Υ-60 $\langle\langle$-70 $\rangle\langle$-80 $\rangle\langle\langle$-90

Υ-100 Υ-200 Υ-300 Υ-400 Υ-500

Υ-600 Υ-700 Υ-800 Υ-900 $\langle\Upsilon$-1000

数学的定义

亚里士多德把数学定义为数量数学，这个定义一直延用到18世纪。从19世纪开始，数学研究越来越严格，开始涉及与数量和量度无明确关系的群论和投影几何等抽象主题，数学家和哲学家开始提出各种新的定义。

从我们开始学数算起，就已经在接触数学了，比如屈指数一数，一二三四五，伸出两只手，十个手指头呢！

亚里士多德

数学的结构

数学结构也称关系结构，是各种数学对象的统称，如数、函数、几何等。在数学中，一个集合上的结构是由附加在该集合上的数学对象组成的，它们使这个集合更加容易操作。有时候，一个集合同时有几种结构，使可以研究的属性更加丰富。

数学的空间

空间的研究源自于欧式几何，现在对空间的研究已经推广到了更高维的几何、非欧几何以及拓扑学。数和空间在解析几何、微分几何和代数几何中有着重要的角色，拓扑群的研究结合了结构与空间。

由干科学技术的发展，需要计算的大数据越来越多，这可能会涉及更多数学分支哦！

数学史

数学的分支

法国的布尔巴基学派认为，纯数学是研究抽象结构的理论。结构是以初始概念和公理出发的演绎系统，他们认为数学有三种基本的母结构，分别为代数结构、序结构、拓扑结构。

阅读大视野

德国数学家高斯在还不会讲话时，就可以自己学计算。他3岁时，有一天晚上在看着父亲算工钱，还纠正了父亲计算的错误。长大后，他成为了当时最杰出的天文学家和数学家。数学家们称呼他为"数学王子"。

数学逻辑

为了弄清楚数学基础，数学逻辑和集合论等领域被发展了出来。德国数学家康托尔首创集合论，大胆向"无穷大"进军，为的是给数学各分支提供一个坚实基础。其中"实无穷"的思想，为以后的数学发展做出了不可估量的贡献。

集合论

集合论在20世纪初已经逐渐渗透到了各个数学分支，成为了分析理论、测度论、拓扑学以及数理科学中必不可少的工具。数学家希尔伯特在德国传播康托尔的思想时，把集合论称为"数学家的乐园"和"数学思想最惊人的产物"。

集的基本操作信息图

集合A和集合B

集合A和集合B的交集

A和B的对称差

A中B的相对汇编

A是B的子集

A和B的并集

集合与集合之间的关系叫包含，如果集合A的任意一个元素都是集合B的元素，那么集合A就是集合B的子集哦！

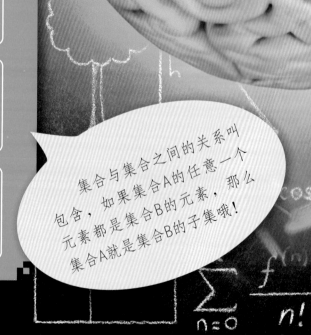

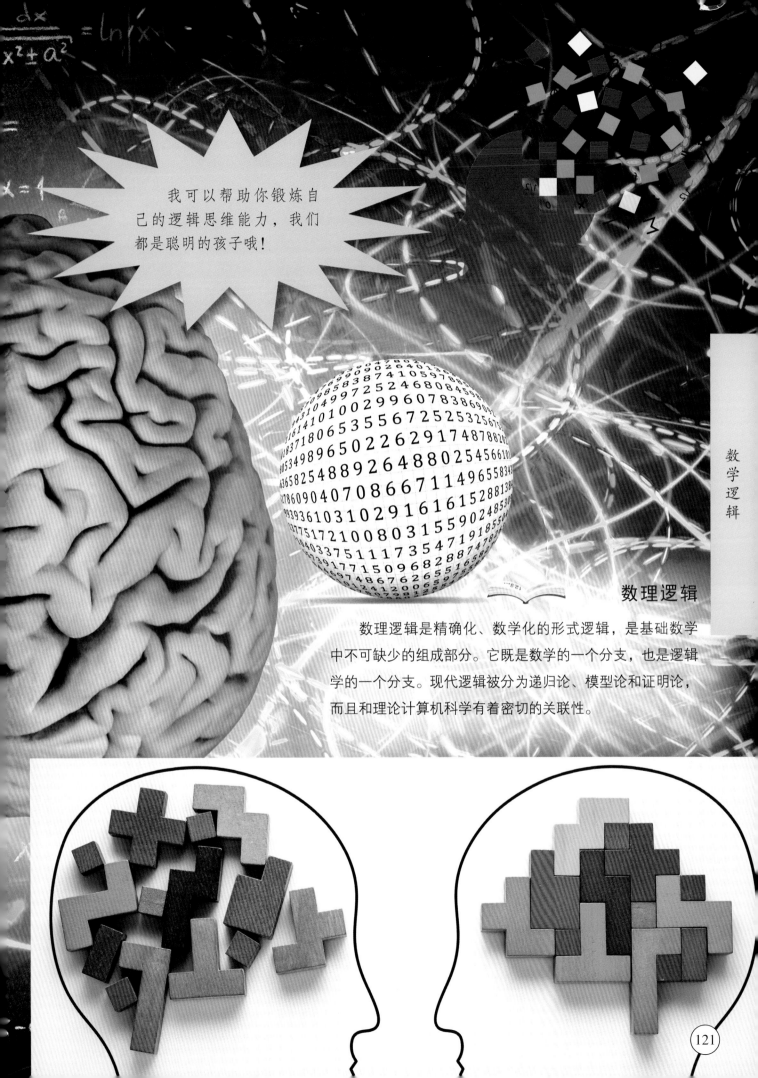

我可以帮助你锻炼自己的逻辑思维能力，我们都是聪明的孩子哦！

数理逻辑

数理逻辑是精确化、数学化的形式逻辑，是基础数学中不可缺少的组成部分。它既是数学的一个分支，也是逻辑学的一个分支。现代逻辑被分为递归论、模型论和证明论，而且和理论计算机科学有着密切的关联性。

数学符号

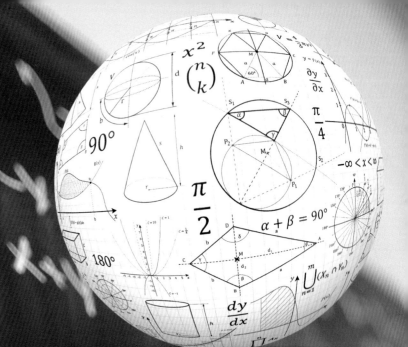

我们所使用的大部分数学符号都是到了16世纪之后才被发明出来的，在此之前，数学是用文字书写出来的。现今的符号使数学更加便于操作，但是初学者却常常对此感到却步。它被极度压缩，少量的符号包含着大量的讯息。

数 量

数量的学习起始于数，包括自然数、整数、有理数和无理数等。在数学和物理学中，数量是指只有大小，没有方向的量，部分量有正负之分。计算时遵循一般的代数运算法则，如加、减、乘、除、乘方、开方等。

数学思维比较客观，题目答案是肯定的，就只有一个，但是解题思路会有很多种哦！

数学

严谨性

　　数学需要比日常用语更多的精确性，数学家把对语言和逻辑精确性的要求称为严谨。严谨是数学证明中很重要、很基本的一部分，数学家希望他们的定理以系统化的推理依着公理被推论下去。这是为了避免依靠不可靠的直观，从而得出错误的定理或证明。

脱离速率

$$v = 11.2 \text{ km/s}$$
脱离

$$\frac{1}{2}mv^2 = \frac{GMm}{r}$$
$G=6.67 \times 10-11 m^3 kg^{-1} s^{-2}$

$$v_{脱离} = \sqrt{\frac{2GM}{r}}$$
$G=6.67 \times 10-11 m^3 kg^{-1} s^{-2}$

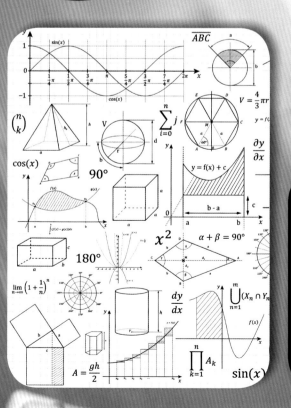

阅读大视野

　　数学家会研究纯数学，也就是数学本身，他们不以任何实际应用为目标。虽然有许多工作以研究纯数学为开端，但是之后也许会发现合适的应用。如科学、工程、医学和经济学等，数学在这些领域的应用一般被称为应用数学。

数学单位

数学上，单位是指计量事物的标准量名称，特指长度、质量、时间等定量单位。数学单位可以方便计算和交易，现在一般用国际通用的单位标准。如果没有单位的话，就无法定量事物，在数学上也就无法计算了。

长度单位

长度单位是指丈量空间距离上的基本单元，是人类为了规范长度而制定的基本单位。长度单位在各个领域都有着重要的作用，国际单位是"米"，常常用到的单位有毫米、厘米、分米、千米、米、微米、纳米等。

小朋友快排队，手拉手对单位，看谁说得快又对，米的一家排大小，相邻两个是十倍，隔开一个一百倍，长度单位要牢记哦！

长度单位符号

国际单位制中，长度的标准单位是"米"，用符号"m"表示。千米通常用于衡量两地之间的距离，缩写为"km"。分米是长度的公制单位之一，符号为"dm"。厘米是长度单位，符号为"cm"。毫米又称公厘，是长度单位和降雨量单位，符号"mm"。

数学

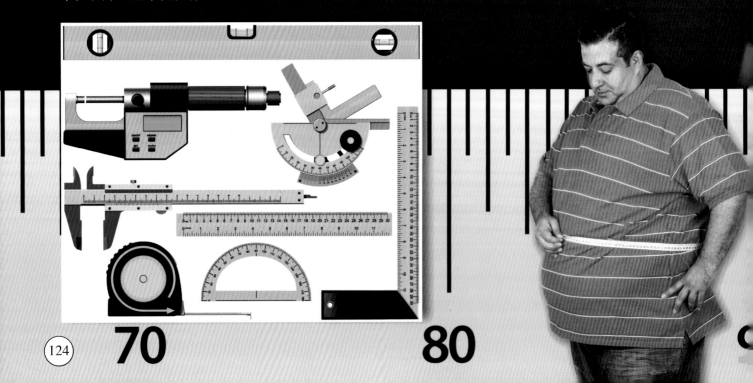

时间单位

　　小时是与国际单位制基本单位相协调的辅助时间单位，在数学中用"h"表示。分是时间的量度单位，符号为"min"。秒是国际单位制中时间的基本单位，符号是"s"。国际单位制词头经常与秒结合以做更细微的划分，如厘秒、毫秒、微妙和纳秒。

质量单位

　　吨是数学质量计量单位，生活中多用于计量较大物品的重量，符号为"t"。"千克"是国际单位制中度量质量的基本单位，也是日常生活中最常使用的基本单位之一，符号"kg"。克是质量单位，符号"g"，是千克的千分之一。

数学单位

100

面积单位

面积就是所占平面图形的大小，面积单位是指测量物体表面大小的单位。常用的面积单位按照从小到大的顺序分为平方毫米、平方厘米、平方分米、平方米、平方千米。在国际单位制中，标准单位面积为"平方米"。

面积就是物体所占平面图形的大小，比较大小时，统一单位更容易哦！

$V=a3$

$A=6a^2$

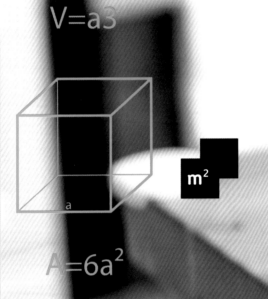

面积单位符号

平方毫米的符号为"mm^2"，是面积的公制单位，定义是边长为1毫米的正方形面积。平方厘米是一种通用数学面积单位，符号为"cm^2"。平方分米的符号为"dm^2"，平方米的符号为"m^2"，平方千米的符号为"km^2"。

$V=\pi r^2 \dfrac{h}{3}$

m^2

$A=\pi r(r+\sqrt{h^2+r})$

数学

体积单位符号

立方毫米是一个体积单位，符号为"mm³"，定义是棱长为1毫米的正方体，它的体积是1立方毫米。立方厘米是一个数学名词，符号为"cm³"，是体积计量单位。立方分米的符号为"dm³"，立方米的符号为"m³"。

大单位，小单位，大小换算有规律，形体单位更容易，相邻100是面积，相邻1000是体积，小朋友们，千万不要忘记哦！

V=whl

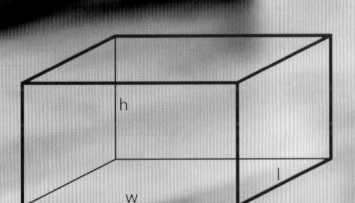

A=2(wl+hl+hw)

V=πr²h

数学单位

A=2πrh+2πr²

体积单位

体积是几何学专业术语，是指物件占有多少空间的量，体积的国际单位制是立方米。一件固体物件的体积是一个数值用以形容该物件在三维空间所占有的空间大小。计算物体的体积，一定要用体积单位，常用的体积单位有立方米、立方分米、立方厘米等。

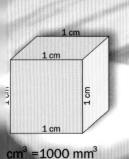

cm³ =1000 mm³

1 dm³ = 1000 cm³

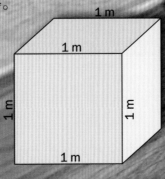

1 m³ = 1000 dm³ = 1 000 000 cm³

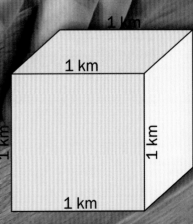

1 km³ = 1 000 000 000 m³

127

$$V=\pi r^2 h$$

$$A=2\pi rh+2\pi r2$$

容积单位

计算容积一般使用容积单位，如升和毫升，有时候还会与体积单位通用。但是容积和体积的含义不同，如一只铁桶的体积是指它外部所占空间的大小，而容积却是指它内部容纳物体的多少。一种物体有体积，不一定有容积。

数学

容积单位符号

计量液体的体积，如水、油等，常用容积单位升和毫升。升国际单位制中表示为"L"，其次级是毫升，符号为"ml"。计算不规则的立体图形体积可以把这个物体放入水中，一种既有体积又有容积的封闭物体，它的体积一定大于它的容积。

人民币单位

人民币单位有元、角、分，元是我国的本位货币单位，角、分为辅币单位，符号为"¥"。人民币的进率为1元等于10角，1角等于10分。纸币面额有1角、5角、1元、5元、10元、20元、50元、100元，硬币面额有1分、2分、5分、1角、5角、1元。

阅读大视野

米哥哥觉得厘米太微小了，把100个厘米连在一起，才和它一样长。厘米弟弟很不服气，它觉得自己的本领一点儿也不差。于是它们两个生起了闷气。这时，长度单位爷爷对它们说，它们都是长度单位的一员，各有各的用途，要学会互相帮助。

数学基础

数学基础是研究整个数学的理论基础以及相关问题的一个专门学科。研究内容包括"数学是什么？""数学的基础是什么？""数学是否和谐？"等一些数学上的根本问题。罗素悖论发现后，对数学基础的研究主要有逻辑主义、形式主义和直觉主义三个派别。

数学基础

数学上，数学基础一词有时候也用于数学的特定领域，如数理逻辑、公理化集合论、证明论、模型论和递归论等。寻求数学的基础也是数学哲学的中心问题，事实上，所有的数学定理都可以用集合论的定理表述。

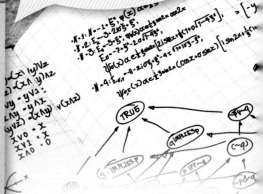

罗素悖论

罗素悖论出现于1902年，它动摇了集合论，也动摇了当时的数学基础。罗素悖论涉及集合、元素等最基本的集合论概念，它的构成十分清楚明白。这个悖论的出现说明以往的朴素集合论中包含矛盾，因而以集合论为基础的整个数学就不能没有矛盾。

数学

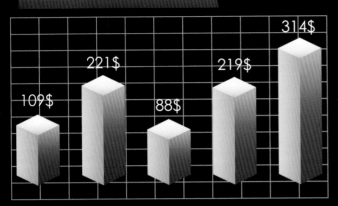

商业仪表板

109$ 221$ 88$ 219$ 314$

逻辑主义

逻辑主义学派认为所有数学概念都归结为自然数算术的概念，而算术概念可以借助逻辑由定义给出。他们试图建立一个包括所有数学的逻辑公理系统，并由此推出全部数学。逻辑主义学派认为数学是逻辑的延伸。

形式主义

形式主义数学家以德国数学家希尔伯特为代表，他主张捍卫排中律，他认为要避免数学中的悖论，只要使数学形式化和证明标准化。为了使形式化后的数学系统不包含矛盾，他创立了证明论。他试图用有穷方法证明各个数学分支的和谐性。

直觉主义

直觉主义又称构造主义，代表人物是荷兰数学家布劳威尔。直觉主义者认为数学产生于直觉，论证只能用构造方法，他们认为自然数是数学的基础。当证明一个数学命题正确时，必须给出它的构造方法，否则就是毫无意义的。

阅读大视野

三次数学危机的发生是数学深入发展的结果。第一次数学危机是不可共度线段，第二次危机是微积分学中对无穷小的解释，第三次数学危机是罗素悖论。许多数学家为消除危机做出了不懈努力，这些努力促进了数学的发展，特别是促进了对数学基础的研究。

数学分析

数学分析又称高级微积分，是分析学中最古老、最基本的分支，专门研究实数与复数及其函数。它的发展由微积分开始，并扩展到函数的连续性、可微分以及可积分等各种特性。这些特性有助于应用在物理世界的研究以及发现自然界的规律。

研究内容

数学分析的主要内容是微积分学，微积分学的理论基础是极限理论，极限理论的理论基础是实数理论。微积分学是微分学和积分学的统称，后来也将微积分学称为分析学或无穷小分析，专指运用无穷小或无穷大等极限过程分析处理计算问题的学问。

研究对象

数学分析的研究对象是函数，它从局部和整体这两个方面研究函数的基本性态，从而形成微分学和积分学的基本内容。微分学研究变化率等函数的局部特征，积分学则从总体上研究微小变化积累的总效果。

0.0.0393
T 83.632 —242.564

0.0583
T 429-98 —8472.7

099.529
T 052534.46 —0986.987

04.6379
T 003846 —0986.98

数学分析具有严格的逻辑体系，能够使我们吸收先进的思想观点，还可以提高数学思想哦！

基本方法

数学分析的基本方法是极限的方法，或者说是无穷小分析。1696年，法国数学家洛必达在巴黎出版了世界上第一本微积分教科书。1748年，瑞士数学家欧拉出版的两卷本沟通微积分与初等分析的书，书名中都出现过无穷小分析这个词。

微分学

微分学的主要概念是导数和微分，求导数的过程就是微分法。围绕着导数与微分的性质、计算和直接应用，形成微分学的主要内容。在数学分析中，无穷级数与微积分从来都是密不可分和相辅相成的。

积分学

积分学基本概念是原函数和定积分，求积分的过程就是积分法。积分的性质、计算、推广与直接应用构成积分学的全部内容。与积分相比，无穷级数也是微小量的叠加与积累，只不过积分是连续的形式。

阅读大视野

许多与微积分有关的新的数学分支，如变分法、微分方程、微分几何和复变函数论都在18至19世纪初发展起来。19世纪后半叶，数学分析的理论和方法完全建立在牢固的基础之上，基本上形成了一个完整的体系。

数　论

数论早期称为算术，到20世纪初，才开始使用数论的名称。数论是纯粹数学的分支之一，主要研究整数的性质。按研究方法来看，数论大致可分为初等数论和高等数论。透过数论也可以建立实数和有理数之间的关系，并且用有理数来逼近实数。

初等数论

初等数论是用初等方法研究的数论，主要研究整数环的整除理论以及同余理论。主要包括整除理论、同余理论、连分数理论，也包括连分数理论和少许不定方程的问题。本质上说，初等数论的研究手段局限在整除性质上。

我是数学中的皇冠，会更加深入地研究整数和算数，而那些没有被解决的猜想，就是皇冠上的明珠哦！

解析数论

解析数论是借助微积分以及复变函数来研究关于整数的问题，又可以分为乘性数论与加性数论两类。乘性数论是由研究积性生成函数的性质来探讨素数分布的问题，加性数论则是研究整数的加法分解之可能性与表示的问题。

代数数论

代数数论将整数环的数论性质研究扩展到了更一般的整环上，特别是代数数域。代数数论更倾向于从代数结构角度去研究各类整环的性质，比如在给定整环上是否存在算术基本定理等。这个领域与代数几何之间的关联尤其紧密。

几何数论

几何数论主要是通过几何方法研究某些数论问题的一个数论分支。几何数论由德国数学家闵科夫斯基所创，对于研究二次型理论有着重要作用。它和数学其他领域的关系密切，尤其是在研究函数分析和丢番图逼近中，对有理数向无理数逼近的问题。

其他数论

计算数论是指借助计算机的算法帮助研究数论的问题。超越数论是指研究数的超越性，还探讨了数的丢番图逼近理论。组合数论是利用组合和概率的技巧，非构造性证明某些无法用初等方式处理的复杂结论。

阅读大视野

从20世纪30年代开始，中国出现了华罗庚、柯召、陈景润、潘承洞等一流的数论专家。他们在解析数论、丢番图方程、一致分布等方面都有过重要贡献。其中，华罗庚对三角和估值、堆砌素数论的研究享有盛名。

代 数

代数是研究数、数量、关系、结构与代数方程组的通用解法以及其性质的数学分支。代数的研究对象不仅是数字，还包括各种抽象化的结构。常见的代数结构类型有群、环、域、模、线性空间等。代数是数学中最重要、最基础的分支之一。

初等代数

初等代数是研究数字和文字的代数运算理论和方法。更确切地说，是研究实数和复数，还有以它们为系数的代数式的代数运算理论和方法。内容包括有理数、无理数、复数、整式、分式、根式、整式方程、分式方程、无理方程等。

我用字母代替数，如果两边相等，那么就是平衡，而去掉一边的一个字母，就不会平衡了，要把另一边也去掉一个才可以哦！

代数方程

代数方程是指由多项式组成的方程，有时也泛指由未知数的代数式所组成的方程，包括整式方程、分式方程和根式方程。方程还有超越方程、微分方程、差分方程、积分方程等许多其他形式的方程，这些显然不属于代数的范畴。

高等代数

　　高等代数是代数学发展到高级阶段的总称，它包括许多分支。高等代数在初等代数的基础上进一步扩充，引进许多新的概念以及很多不相同的量，最基本的有集合、向量和向量空间等。这些量具有和数相类似的运算特点，但是研究方法和运算方法都更加繁复。

代
数

多项式代数

　　在高等代数中，线性方程组被发展成为线性代数理论，而二次以上的多项式方程被发展成为多项式理论。前者的研究内容包括向量空间、线性变换、型论、不变量论和张量代数等，后者的研究内容是只含有一个未知量的任意次方程。

代数学

　　代数学从高等代数总的问题出发，又发展成为包括许多独立分支的一个大的数学科目，如多项式代数、线性代数等。代数学研究的对象已经不仅是数，还有矩阵、向量、向量空间的变换等，对于这些对象都可以进行运算。

阅读大视野

　　代数的起源可以追溯到古巴比伦时代，当时人们发展出了更先进的算术系统。西方人将公元前三世纪的古希腊数学家丢番图看作是代数学的鼻祖。而真正创立代数的则是古阿拉伯帝国时期的伟大数学家默罕默德·伊本·穆萨。

函数论

函数论是实变函数论和复变函数论的总称。实函数论是研究函数的连续性、可微性和可积性的理论，复变函数论是研究复变数的解析函数性质的理论。实变函数是微积分学的进一步发展，它的基础是点集论。

实变函数

以实数作为自变量的函数就叫作实变函数，以实变数作为研究对象的数学分支就叫作实变函数论。实变函数论的内容包括实值函数的连续性质、微分理论、积分理论和测度论等。积分理论是研究各种积分的推广方法和它们的运算规则。

我的每一个结论背后都有它的逻辑，只要搞清楚逻辑道理，我就会变得容易很多哦！

点集论

点集论是专门研究点所成集合性质的理论，如点集函数、序列、极限、连续性、可微性、积分等，它还研究实变函数的分类问题、结构问题。实变函数论是在点集论的基础上研究分析数学中的一些最基本的概念和性质。

数学

逼近理论

　　如果能把A类函数表示成B类函数的极限，就说A类函数能够以B类函数来逼近。如果已经掌握了B类函数的某些性质，那么往往可以由此推出A类函数的相应性质。逼近论就是研究函数逼近的方法、逼近的程度和在逼近中出现的各种情况。

复变函数

　　以复数作为自变量的函数就叫作复变函数，而与之相关的理论就是复变函数论。复变函数论主要包括单值解析函数理论、黎曼曲面理论、几何函数论、留数理论、广义解析函数等方面的内容。负数函数论已经深入到微分方程、积分方程、概率论和数论等学科。

5%

解析函数

　　解析函数是复变函数中一类具有解析性质的函数，复变函数论主要是研究复数域上的解析函数，因此复变函数也称论为解析函数论。当函数的变量取某一定值的时候，函数就有一个唯一确定的值，那么这个函数解就叫单值解析函数，多项式就是这样的函数。

阅读大视野

　　1774年，瑞士数学家欧拉在他的一篇论文中考虑了由复变函数的积分导出的两个方程。而比他更早的是法国数学家达朗贝尔在他的关于流体力学的论文中，就已经得到了它们。因此，人们把这两个方程叫作"达朗贝尔-欧拉方程"。

函数论

数理统计学

数理统计学是统计学分支学科。它以概率论为理论基础，对受到随机因素影响的不确定性现象进行大量的观测或试验，以有效的方法获取样本、提取信息，进而对随机现象的统计规律作出推断。数理统计学是应用十分广泛的基础性学科。

学科简介

数理统计学就是运用模型和新技术对通过社会调查收集起来的数据进行统计分析和处理。在一些比较前沿的科技问题以及国民经济问题中，都可以利用数理统计学对这些复杂的重大问题进行预先推断和判断。

小朋友们，你可以通过数理统计学，统计班级里小伙伴的生日月份哦！

分支学科

数理统计学内容庞杂，分支学科很多：第一类分支学科是抽样调查和试验设计；第二类分支具有特定的统计推断形式、特定的统计观点和特定的理论模型或样本结构；第三类是一些针对特殊的应用问题而发展起来的分支学科。

数学

统计环节

用数理统计方法去解决一个实际问题时，一般包括建立数学模型、收集整理数据、进行统计推断、预测和决策。这些环节不能截然分开，也不一定按照固定次序排列，有时也是互相交错的。

收集数据

收集数据有全面观测、抽样观测和安排特定实验三种方式。数据整理是把包含在数据中的有用信息提取出来，一种形式是制定适当的图表，如散点图。另一种形式是计算若干数字特征，以刻画样本某些方面的性质。

现实意义

数理统计学的理论和方法与人类活动的各个领域都有着不同程度的关联。因为各个领域内的活动都得在不同的程度上与数据打交道，有如何收集和分析数据的问题，从一些方案的制订到数据的分析，都是以数理统计学的理论和方法为基础的。

阅读大视野

医学是较早使用数理统计方法的领域之一。在防治一种疾病时，需要找出导致这种疾病的因素，统计方法在发现和验证这些因素上是一个重要工具。也可以用统计方法确定一种药物对治疗某种疾病是否有用，还能够比较几种药物或治疗方法的效力。

应用统计数学

　　应用统计数学是应用目的明确的数学理论和方法的总称。它是研究如何应用数学知识到其他范畴的数学分支，包括统计质量控制、可靠性数学、概率论、信息论、数理统计、组合数学、保险数学等许多数学分支。应用统计数学可以说是纯数学的相反。

数学

应用数学

　　应用数学包括两个部分：一部分是与应用有关的数学，这是传统数学的一支，可以称为"可应用的数学"；另外一部分是数学的应用，就是以数学为工具，探讨解决科学、工程学和社会学方面的问题，这是超越传统数学的范围。

统计质量控制

　　统计质量控制是在质量控制图的基础上，运用数理统计的方法使质量控制数量化和科学化。这些方法包括频率分布的应用、主要趋势和离散的度量、控制图、回归分析、显著性检验等。统计质量控制充分体现了现代控制理论的过程预防原则。

Actual vs Target	Actual	Targe
	$3.4M	82.0
	$1.2M	108.7
	$850.3	71.0
	96.0%	96.0
	15432	145.0
	98.3%	105
	46.9%	8

　　人口增长率、生产统计图、股票趋势图不断出现在信息传播中，应用数学已经成为时代文化的一个重要组成部分了呢！

可靠性数学

可靠性数学是指运用概率统计和运筹学的理论和方法，对单元或系统的可靠性作定量研究。通过数学模型定量研究系统的可靠性，并且探讨它与系统性能、经济效益之间的关系，是可靠性数学理论主要方法之一。

Products positioning

Top 10 products

430

应用统计数学

概率论

概率论是指研究随机现象数量规律的数学分支。随机现象是指在基本条件不变的情况下，每一次试验或观察前，不能肯定会出现哪种结果，呈现出的偶然性。事件的概率是衡量该事件发生的可能性的量度。

信息论

信息论是指运用概率论与数理统计的方法研究信息、通信系统、数据传输、密码学、数据压缩等问题的应用数学学科。信息传输和信息压缩是信息论研究中的两大领域。这两个方面又由信息传输定理、信源与信道隔离定理相互联系。

阅读大视野

从17世纪开始，社会发展和生产需要一直是数学发展的主要推动力。蒸汽机推动了运动学和热力学的发展，促使数学分析学走向新的高峰，电磁学的基本规律是用微分方程写的。20世纪，喷气机和航天器的制造和导航、CT扫描的医疗设备等本质上都是数学技术。

统计与概率

统计活动是指统计工作或统计实践，是对社会、经济、自然、科学技术等客观现象，在数量方面进行搜集、整理和分析的活动过程。搜集的数据会通过统计表、统计图、统计手册、统计年鉴和统计分析报告反映出来。

统计表

统计表是用于显示统计数据的基本工具，一般由表头、行标题、列标题和数字资料四个主要部分组成，必要时可以在统计表的下方加上表外附加。由于统计数据的特点不同，统计表的设计在形式和结构上会有较大差异，但是基本要求一致。

我反映的数据真实可信，分析精辟独到，神奇的小画家们，快来试试吧！

统计图

统计图是根据统计数字，用几何图形、事物形象和地图等绘制的各种图形，具有直观、形象、生动、具体等特点。它可以使复杂的统计数字简单化、通俗化、形象化，使人能够一目了然，便于理解和比较。

条形统计图

用一个单位长度表示一定的数量，根据数量的多少画成长短相应成比例的直条，并且按照一定顺序排列起来的图形称为条形统计图。条形统计图是最常用的图形，很容易看出各种数量的多少。按照排列方式的不同，可分为纵式条形图和横式条形图。

扇形统计图

扇形统计图是用整个圆表示总数，用圆内各个扇形的面积表示各部分数量占总数的百分比。通过扇形统计图可以很清楚地表示各部分数量之间的大小关系，还有它们同总数之间的关系。

折线统计图

以折线的上升或下降来表示统计数量的增减变化的统计图叫作折线统计图。折线统计图不仅可以表示数量的多少，而且还可以反映同一事物在不同时间里的发展变化情况。

概　率

概率也称为或然率，是反映偶然事件发生的可能性大小。如偶然事件的概率是通过长期观察或大量重复试验来确定，则这种概率称为统计概率或经验概率。概率论揭示了偶然现象所包含的内部规律的表现形式。

必然事件

在一定条件下，重复进行试验时，有的事件在每次试验中必然会发生，这样的事件叫必然发生的事件，简称必然事件。必然事件发生的概率为"1"，但是概率为"1"的事件不一定为必然事件。必然事件和不可能事件统称为确定事件。

随机事件

在一定的条件下，可能发生也可能不发生的事件，叫作随机事件。随机事件可以在相同的条件下重复进行，进行一次试验之前不能确定哪一个结果会出现。每个试验的可能结果不止一个，并且能够事先预测试验的所有可能结果。

小朋友们，我们来玩五子棋，石头剪刀布，赢了的可以先走哦！

不可能事件

一定条件下，不可能发生的事件叫不可能事件，不可能事件是随机事件的特殊情况之一。人们通常用"0"来表示不可能事件发生的可能性，不可能事件的概率为"0"，但是概率为"0"的事件不一定为不可能事件。

一组数据的总和除以这组数据的个数所得到的商叫这组数据的平均数。平均数反映出了一组数据的平均大小，用来代表数据的总体平均水平，是统计中常常用到的数据代表值。任何数据的变动都会相应引起平均数的变动。

统计与概率

中位数

将一组数据按照大小顺序排列，处在最中间位置的一个数叫这组数据的中位数。中位数像一条分界线，将数据分为了前半部分和后半部分，用来代表一组数据的中等水平。某些数据的变动对中位数没有影响，它与数据的排列位置有关。

众数

一组数据中出现最多的数就是众数，众数是一组数据中的原数据，是真实存在的。众数反映了出现次数最多的数据，用来代表一组数据的多数水平。作为一组数据的大小，众数的可靠性较差，因为它只利用了部分数据。

阅读大视野

在生活中，常常会用到石头剪刀布和抛硬币等游戏来作为判断的参考。硬币有两面，是一个天然的二进制系统，通过它落下来显示的结果，我们可以解决一些公平性事件。如球赛由哪一方先发球，或先选哪半边场地比赛。

计算数学

计算数学也叫数值计算方法或数值分析。主要内容包括代数方程、线性代数方程组、微分方程的数值解法、函数的数值逼近问题、最优化计算问题等，还包括解的存在性、唯一性、收敛性和误差分析等理论问题。计算数学有时也可以视为应用数学的一部分。

代数方程

五次以及五次以上的代数方程不存在求根公式。因此，要求出五次以上的高次代数方程的解，一般只能求它的近似解，求近似解的方法就是数值分析的方法。对于一般的超越方程，如对数方程、三角方程等也只能采用数值分析的办法。

线性方程组

在求解方程的办法中，常用的办法是迭代法，也叫逐次逼近法。它可以用来求解线性方程组的解，求方程组的近似解也要选择适当的迭代公式，使得收敛速度快，近似误差小。在线性代数方程组的解法中，常用的有塞德尔迭代法、共轭斜量法、超松弛迭代法等。

计算数学普遍存在于生活之中，小朋友，你能够找出简单的计算数学问题吗？

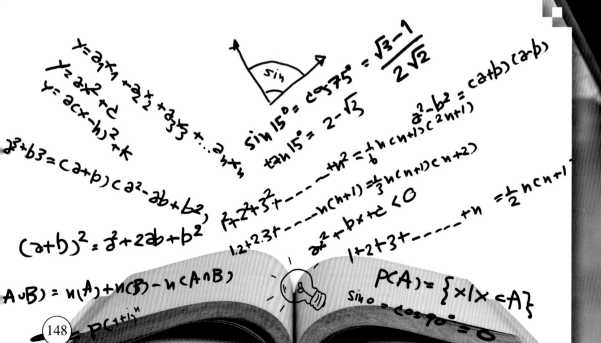

数值逼近

在计算方法中，数值逼近也是常用的基本方法。数值逼近也叫近似代替，就是用简单的函数去代替比较复杂的函数，或代替不能用解析表达式表示的函数。数值逼近的基本方法是插值法，初等数学里的三角函数表、对数表中的修正值就是根据插值法制成的。

微分方程

在遇到求微分和积分时，如何利用简单的函数去近似代替所给的函数，以便容易求到微分和积分，也是计算方法的一个主要内容。微分方程的数值解法也是近似解法，常微分方程的数值解法有欧拉法、预测校正法等。

偏微分方程

偏微分方程的初值问题或边值问题常用的是有限差分法、有限元素法等。有限差分法的基本思想是用离散的、只含有限个未知数的差分方程去代替连续变量的微分方程和定解条件。求出差分方程的解法作为求偏微分方程的近似解。

阅读大视野

20世纪以来，计算数学得到了长足发展。计算问题可以说是现代社会各个领域普遍存在的共同问题，工业、农业、交通运输、医疗卫生、文化教育等，哪一行哪一业都有许多数据需要计算，通过数据分析，可以方便我们掌握事物发展的规律。

组合数学

组合数学又称为离散数学，主要内容包括组合计数、组合设计、组合矩阵、组合优化等。狭义的组合数学主要研究满足一定条件的组合模型的存在、计数以及构造等方面的问题。组合数学是一门研究离散对象的科学。

组合数学

有人认为广义的组合数学就是离散数学，也有人认为离散数学是狭义的组合数学和图论、代数结构、数理逻辑等的总称。组合数学在基础数学研究中具有极其重要的地位，在计算机科学、编码和密码学、物理、化学、生物学等学科中也有着重要应用。

用形状相同的方形砖块可以把一个地面铺满，但是如果用不同形状且不是方形的砖块来铺一个地面，能否铺满呢？

离散数学

离散数学是研究离散量的结构及其相互关系的数学学科，是现代数学的一个重要分支。离散的含义是指不同的连接在一起的元素，主要是研究基于离散量的结构和相互间的关系，对象一般是有限个或可数个元素。

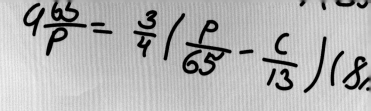

组合计数

组合计数是研究组合数学中最基本的研究方向。主要研究满足一定条件的安排方式的数目及其计数问题，包括常见的一些计数原理、计数方法和计数公式等，还有生成函数、容斥原理、反演原理、计数定理等。

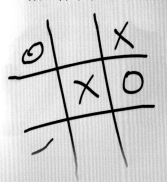

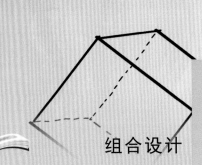

组合设计

组合设计一般指模块化设计。简单来讲，模块化设计就是将产品的某些要素组合在一起，构成一个具有特定功能的子系统，将这个子系统作为通用性的模块与其他产品要素进行多种组合，构成新的系统，产生多种不同功能或相同功能、不同性能的系列产品。

组合数学

组合优化

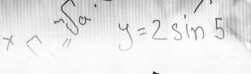

组合优化问题是最优化问题的一类，最优化问题分为连续变量问题和离散变量问题。在连续变量的问题里，一般是求一组实数或一个函数。在组合问题里，是从一个无限集或可数无限集里寻找一个对象。具有离散变量的问题，我们称它为组合的优化。

阅读大视野

计算机科学的核心内容就是使用算法处理离散数据。传统的计算机算法可以分为两大类，一类是组合算法，一类是数值算法。近年来计算机算法又多了一类，那就是符号计算算法，国际上还有专门的符号计算杂志。

模糊数学

　　模糊数学是研究和处理模糊性现象的一种数学理论和方法。由于模糊性概念已经找到了模糊集的描述方式，人们运用概念进行判断、评价、推理、决策和控制的过程也可以用模糊性数学的方法来描述。模糊性数学的发展主流是在它的应用方面。

模糊数学

　　模糊数学的基本思想就是用精确的数学手段对现实世界中大量存在的模糊概念和模糊现象进行描述、建模，以达到对其进行恰当处理的目的。模糊数学是非常严密的，不是什么对象都要用模糊数学去讨论。

　　我以不确定性的事物为研究对象，我不是模模糊糊的，是非常严密的哦！

模糊聚类分析

　　模糊聚类分析是一种采用模糊数学语言对事物按照一定要求进行描述和分类的数学方法。模糊聚类分析是指根据研究对象本身的属性来构造模糊矩阵，并在此基础上根据一定的隶属度来确定聚类关系。聚类分析是数理统计中的一种多元分析方法。

模糊模式识别

模糊模式识别是人工智能分支学科，模式识别不仅指感官对物体的感觉，它也是人们的一种基本思维活动。根据被识别模式的性质，可以把识别行为分为具体事物识别和抽象事物识别，如对文字、照片、音乐等周围事物的识别，或对已知的一个问题的理解等。

模糊综合评价

模糊综合评价是指对多种模糊因素所影响的事物或现象进行总的评价。安全模糊综合评价就是应用模糊综合评价方法对系统安全、危害程度等进行定量分析评价。模糊是指边界不清晰，中间函数不分明，既在质上没有确切的含义，也在量上没有明确的界限。

模糊决策

模糊决策是指在模糊环境下进行决策的数学理论和方法。常用的模糊决策方法有模糊排序、模糊寻优和模糊对策等。严格地说，现实的决策大多是模糊决策。模糊决策的研究开始较晚，但是涉及的面很广，还没有明确的范围。

阅读大视野

模糊数学最重要的应用领域是计算机智能，世界上的发达国家正在积极研究、试制具有智能化的模糊计算机。1986年，日本山川烈博士首次试制成功模糊推理机，它的推理速度大约是1秒钟1000万次。

数学应用题

$$r = \frac{a+b-c}{2}$$

应用题是指用语言或文字叙述有关事实，反映某种数量关系，并求解未知数量的题目。每个应用题都包括已知条件和所求问题，分为一般应用题与典型应用题。应用题将语文和数学进行了完美结合，是锻炼思维能力的主要方式。

应用题

$$ma = \frac{1}{2}\sqrt{2(b^2+c^2)-a^2}$$

应用题通常要求叙述满足三个要求。第一是无矛盾性，也就是条件之间、条件与问题之间不能相互矛盾。第二是完备性，也就是条件必须充分，足以保证从条件求出未知量的数值。第三是独立性，也就是已知的几个条件不能相互推出。

题目读一读，从中找关键，先看求什么，再去找条件，合理列算式，仔细来计算，单位莫遗忘，结果要验算哦！

数学

应用题分类

没有特定的解答规律，需要两步以上运算的应用题叫作一般应用题。题目中有特殊的数量关系，可以用特定的步骤和方法来解答的应用题叫作典型应用题。只用加、减、乘、除一步运算的称为简单应用题，需要两步或两步以上运算的称为复合应用题。

$$(ab)^n = a^n b^n$$

图解分析法

图解分析法是一种模拟法，具有很强的直观性和针对性，运用非常普遍。如工程问题、行程问题、调配问题等，通常采用画图进行分析。通过图解分析，可以帮助理解题意，然后根据题目内容，设出未知数，列出方程解答。

$$\sin 2\alpha = 2 \sin \alpha \cdot \cos \alpha = \frac{2 \, tg\,\alpha}{1 + tg^2\alpha} = \frac{2 \, ctg}{1 + ctg}$$

亲身体验法

没有坐过船的人，对于顺水行船、逆水行船、水流的速度等问题会难以弄清楚。而大多数人都会骑自行车，顺风骑车就觉得很轻松，逆风骑车就觉得很困难，这是风速的影响。行船与骑车是一回事，如果亲身体验过，就会便于理解。

$$\left(\frac{a}{b}\right)^n = \frac{a^n}{b^n}$$

在解答应用题过程中，小朋友要冷静分析，找出它们的数量关系再作答哦！

直观分析法

直观分析法中，如浓度问题，首先要弄清楚百分浓度，然后再弄清楚百分浓度的计算方法。我们可以准备几个杯子，称好一定重量的水，再准备几小包盐。通过配制盐水的问题，弄清楚浓度与溶质、溶液之间的关系。

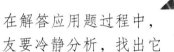

$$S = 6 \times a^2$$
$$S = 6 \times 6^2$$
$$S = 6 \times 36 = 216 \text{ cm}^2$$

阅读大视野

　　动物中也有数学天才，蜜蜂蜂房就是严格的六角柱状体。它的一端是平整的六角形开口，另一端是封闭的六角菱锥形的底，由三个相同的菱形组成。底盘菱形的钝角为109度28分，所有的锐角为70度32分，这样既坚固又省料。

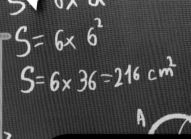

数学难题

2000年，美国克雷数学研究所的科学顾问委员会选定了7个"千年大奖问题"。研究所董事会决定建立700万美元的大奖基金，每个千年大奖问题的解决都可以获得100万美元的奖励。千年大奖问题公布以来，在世界数学界产生了强烈的反响。

NP完全问题

NP完全问题是世界七大数学难题之一，指多项式复杂程度的非确定性问题。如果任何一个NP问题都能够通过一个多项式时间算法转换为某个NP问题，那么这个NP问题就称为NP完全问题，也叫作NPC问题。NP完全问题具有无穷魅力，排在数学七大难题首位。

扫雷问题也是一个NP完全问题，它可以在多项式的时间里验证得到一个解哦！

填字游戏

填字游戏是一种最常见的益智纸上游戏，也是NP完全问题之一。游戏一般给出一个矩形的表格，这个表格被分割为若干个大小相同的方格，有白色与黑色两种。玩家根据题目所提供的有关信息，将答案填入行与列之中，每个白色方格中只能填入一个字。

把越来越多的简单几何基本模块黏合在一起，就可以形成复杂的形状哦！

霍奇猜想

霍奇猜想是关于非奇异复代数簇的代数拓扑和它由定义子簇的多项式方程所表述的几何的关联猜想。对于所谓射影代数簇这种特别完美的空间类型来说，称作霍奇闭链的部件实际上是称作代数闭链的几何部件的组合。霍奇猜想是第二个世界七大数学难题。

一座宫殿

用通俗的话说，霍奇猜想就是指再好再复杂的一座宫殿，都可以由一堆积木垒成。用文人的话说就是，任何一个形状的几何图形，只要你能够想得出来，不管它有多复杂，都可以用一堆简单的几何图形拼成。

庞加莱猜想

庞加莱猜想是指在一个封闭的三维空间，假如每条封闭的曲线都能够收缩成一点，这个空间就一定是一个三维球面。2006年，数学界确认俄罗斯数学家佩雷尔曼的证明解决了庞加莱猜想。数学七大难题中，庞加莱猜想已经被证明，还剩下六个。

里奇曲率流

里奇曲率流可以完成一系列拓扑手术，构造几何结构，把不规则流形变成规则流形，从而解决三维的庞加莱猜想。使用里奇曲率流进行空间变换时，总会出现无法控制走向的点，这些点叫作奇点。如何掌握它们的动向，是证明三维庞加莱猜想的关键。

如果伸缩围绕一个苹果表面的橡皮带，我们可以既不扯断它，也不让它离开表面，使它慢慢移动收缩为一个点哦！

黎曼猜想

黎曼猜想属于世界七大数学难题之一，它是关于黎曼ζ函数ζ(s)的零点分布的猜想，由数学家波恩哈德·黎曼于1859年提出。在黎曼猜想的研究中，数学家们把复平面上的直线称为临界线。运用这一术语，黎曼猜想也可以表述为，黎曼函数的所有非平凡零点都位于临界线上。

庞加莱猜想假设

庞加莱猜想假设，想象这样一个房子，这个空间是一个球。我们拿一个气球进来，假设这个气球不会吹破，吹到最后会怎么样呢？庞加莱先生猜想，吹到最后，一定是气球表面和整个球形房子的墙壁表面紧紧贴住，中间没有缝隙。

二阶逻辑问题

世界上所有的数学定理都是一阶逻辑，而黎曼猜想是一个二阶逻辑问题，无法得到完整证明。当我们用所有个体、存在个体等量词加在论域的个体上，称为一阶量词。所有函数、存在函数、所有关系、存在关系是二阶量词，也就是二阶逻辑。

如果有魔鬼答应让数学家用自己的灵魂换取一个数学命题的证明，那么很多数学家都想要换取黎曼猜想的证明呢！

集合概念命题

黎曼猜想的主项为所有的非平凡零点，属于集合概念的命题。已经知道每一个零点的虚部都是不一样的，就从整体上无法证明，只能一个个验证。并且这个黎曼公式是一个发散的公式，没有封闭，更加增加了不确定性。

杨-米尔斯存在性和质量缺口

杨-米尔斯存在性和质量缺口是世界七大数学难题之一，问题起源于物理学中的杨-米尔斯理论。杨—米尔斯理论是现代规范场理论的基础，旨在使用非阿贝尔李群描述基本粒子的行为。量子物理揭示了在基本粒子物理与几何对象的数学之间令人注目的关系。

非线性偏微分方程

杨-米尔斯理论理论中出现的杨-米尔斯方程是一组数学上未曾考虑到的极有意义的非线性偏微分方程。非线性偏微分方程是各阶微分项有次数高于一的微分方程，是现代数学的一个重要分支，被用来描述力学、控制过程、生态与经济系统等领域的问题。

纳维-斯托克斯方程

纳维-斯托克斯方程是一组描述像液体和空气这样的流体物质的方程，属于世界七大数学难题。它建立了流体粒子动量的改变率和作用在液体内部的压力变化和耗散黏滞力以及重力之间的关系，这在流体力学中具有十分重要的意义。

变量的导数

纳维-斯托克斯方程依赖微分方程来描述流体的运动，这些方程和代数方程不同。它们不寻求建立所研究变量的关系，而是建立这些量的变化率或通量之间的关系，这些变化率对应于变量的导数。速度的导数或变化率是和内部压力的导数成正比的。

理解纳维-斯托克斯方程

起伏的波浪跟随着正在湖中蜿蜒穿梭的小船，湍急的气流跟随着现代喷气式飞机飞行。数学家和物理学家深信，无论是微风还是湍流，都可以通过理解纳维-斯托克斯方程的解，来对它们进行解释和预言。

BSD猜想

　　BSD猜想描述了阿贝尔簇的算术性质与解析性质之间的联系，属于世界七大数学难题之一。BSD猜想是分圆域类数公式的推广，前半部分通常称为弱BSD猜想。由BSD猜想可以推出奇偶性猜想、西尔维斯特等很多猜想。

　　虽然湍流是日常经验中就可以遇到的，但是这类问题却极难求解，终有一天，我们会解开方程中的奥秘哦！

莫代尔定理

　　BSD猜想的陈述依赖于莫代尔定理。任意给定一个整体域上的阿贝尔簇，它的有理点形成一个有限生成阿贝尔群。整体域是指代数数域或有限域上曲线的函数域，也就是指有理数域的有限扩张。阿贝尔群也称为交换群，是抽象代数的基本概念之一。

阅读大视野

　　从某种意义来讲，人类世界七大数学难题的历史，就是对自身智慧超越的历史。就好像是一场体育赛事，如短跑项目，为什么这个人能够破纪录，为什么前进一秒有那么困难，外人是不清楚的。尽管同样从事数学工作，但是世界上真正能够懂得难题的人很少。

数学猜想

世界三大数学猜想是指费马猜想、四色猜想和哥德巴赫猜想。其中，费马猜想和四色猜想已经被证明，还有哥德巴赫猜想没有被证明。这三个问题的共同点就是题面简单易懂，内涵深邃无比，影响了一代又一代的数学家。

费马猜想

费马猜想由17世纪法国数学家皮耶·德·费马提出。猜想内容是当整数n > 2时，关于x，y，z的方程 $x^n + y^n + z^n$ 没有正整数解。费马猜想引起了许多数学家的兴趣，数学家们证明猜想的有关工作丰富了数论的内容，推动了数论的发展。

我非常富有传奇色彩，证明我是对人类智慧的挑战，数学家证明我的理论后，创造了许多有用的数学技术哦！

完成证明

1993年6月，英国数学家安德鲁·怀尔斯宣布自己证明了费马猜想。数学界的专家在对他的证明审查过程中，发现了漏洞。他又经过一年多的拼搏，在1994年圆满证明了费马猜想，之后被称为"费马大定理"。

数学

四色猜想

英国数学家法兰西斯·古德里于1852年提出猜想，只需要四种颜色为地图着色。这是因为他发现在平面上或者球面上，只能有四个区域两两相连。英国数学家德摩根证明了平面上不存在五个区域两两相连。

完成证明

高速数字计算机发明以后，促使了更多数学家对四色问题的研究，由于演算速度迅速提高，大大加快了对四色猜想证明的进程。1976年，四色猜想的证明由美国数学家阿佩尔借助计算机完成，之后被称为四色定理。

哥德巴赫猜想

1742年，德国数学家哥德巴赫在写给著名数学家欧拉的一封信中，提出了一个大胆的猜想。猜想内容为任何一个不小于3的奇数，都可以是三个质数之和。欧拉在回信中提出了另一个版本的哥德巴赫猜想，任何偶数都可以是两个质数之和。

数学猜想

证明进程

哥德巴赫猜想尚未解决，目前最好的成果于1966年由中国数学家陈景润取得。由于陈景润的贡献，距离哥德巴赫猜想的最后结果仅有一步之遥了。但是为了实现这最后一步，也许还要历经一个漫长的探索过程。

阅读大视野

华罗庚是中国最早从事研究哥德巴赫猜想的数学家。1950年，他在中科院数学研究所组织数论研究讨论班，选择哥德巴赫猜想作为讨论的主题。参加讨论班的学生在哥德巴赫猜想的证明上取得了相当好的成绩。

著名数学奖

国际上最著名、最有影响的数学奖是菲尔兹奖和沃尔夫奖等，除此之外，各国还设有自己的奖项。中国有陈省身数学奖、华罗庚数学奖等，以奖励和鼓励对中国数学事业做出突出贡献的中国数学家。数学奖的设立极大促进了数学事业的发展。

菲尔兹奖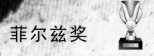

菲尔兹奖是由加拿大数学家菲尔兹提议设立的。菲尔兹对于获奖者的要求中就有一条规定：获奖人必须在当年的元旦之前未满四十岁。1954年的菲尔兹奖得主是法国数学家塞尔，当时他27岁，是得奖最低年龄纪录保持者。

沃尔夫奖

1976年，沃尔夫及其家族捐献成立了沃尔夫奖。沃尔夫奖具有终身成就性质，主要是为了促进全世界科学、艺术的发展。沃尔夫奖每年颁发一次，奖给在化学、农业、医学、物理、数学和艺术领域的杰出成就者，它没有年龄限制。

> 一个人如果要在数学上有所进步，就必须向大师学习。
> ——阿贝尔

阿贝尔奖

阿贝尔奖是挪威王室向杰出数学家颁发的一种奖项，每年颁发一次。2001年，为了纪念挪威著名数学家尼尔斯·亨利克·阿贝尔在2002年的二百周年诞辰，挪威政府宣布将开始颁发此奖项。2003年，阿贝尔奖在挪威奥斯陆颁发。

高斯奖

卡尔·弗里德里希·高斯数学应用奖是在国际数学家大会上颁发的奖项，是为了奖励研究工作在数学领域影响深远的数学家。高斯奖不设年龄限制，奖章正面为高斯的肖像，背面为一条曲线穿过圆形和正方形，代表高斯以最小二乘法算出谷神星的轨道。

著名数学奖

卡尔·弗里德里希·高斯

华罗庚奖

1992年11月，中国首届"华罗庚数学奖"在北京颁奖。该奖主要奖励长期以来对发展中国的数学事业做出杰出贡献的中国数学家。获奖人年龄在50至70岁之间，获得这一奖励的数学家普遍都具备较高的学术水平，引起了国内外数学界的瞩目。

苏步青奖

2003年7月，国际工业与应用数学联合会于悉尼召开第五届国际工业与应用数学大会，设立了以我国著名数学家苏步青命名的"苏步青奖"，旨在奖励在数学对经济腾飞和人类发展应用方面做出杰出贡献的个人，这是第一个以我国数学家命名的国际性数学大奖。

数学

学习数学要多做习题，边做边思索。先知其然，然后知其所以然。

——苏步青

陈省身奖

2009年，国际数学联盟宣布设立"陈省身奖"，以表彰成就卓越的数学家。获奖者必须将一半奖金捐给社会团体，用以促进数学的研究、教育以及其他相关活动。该奖每四年评选一次，这是国际数学联盟首个以华人数学家命名的数学大奖。

奈望林纳奖

奈望林纳奖颁给在计算机科学的数学方面有重要贡献者。1981年，奖项由国际数学家大会执行委员会设立，是为纪念在前一年过世的芬兰数学家罗尔夫·奈望林纳而命名的。奖项每4年在国际数学家大会颁发一次，得奖者必须在获奖那一年不大于40岁。

阅读大视野

陈省身曾先后求学于南开大学、清华大学、德国汉堡大学、法国巴黎大学，任教于西南联合大学、美国普林斯顿大学、芝加哥大学和加州大学伯克利分校。他是原中央研究院数学所、美国国家数学研究所、南开数学研究所的创始所长，培养了大批世界级科学家。

中国著名数学家

当西方的数学体系传入中国后，中国的学者也开始不断反思，他们梳理中国古代数学发展的脉络，探究中国古代数学与当时西方数学的异同。最终认为，中国古代数学家们的"勾股术""天元术""四元术""重差术"等，其实也就是西方数学的源头。

商高

商高是西周初期数学家，他在公元前1000年发现了勾股定理的一个特例"勾三股四弦五"。勾股定理是中国数学家的独立发明，在中国早有记载。据《周髀算经》记载，他的数学成就主要有勾股定理、测量术和分数运算。

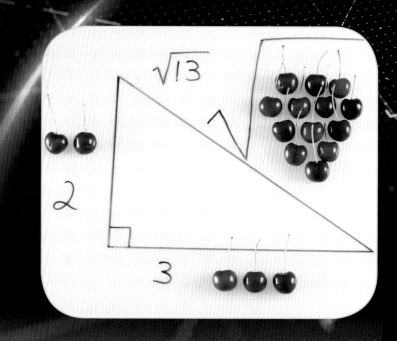

耿寿昌

耿寿昌是西汉时期天文学家、理财家。汉宣帝时任大司农中丞，在西北设置"常平仓"，用来稳定粮价兼作为国家储备粮库。他精通数学，修订《九章算术》，又用铜铸造浑天仪观天象，著有《月行帛图》《日月帛图》《月行图》等。

刘 徽

刘徽（约225-295年），魏晋期间伟大的数学家，中国古典数学理论的奠基人之一。他的杰作《九章算术注》和《海岛算经》，是中国最宝贵的数学遗产。刘徽的一生是为数学刻苦探求的一生，他是中国最早明确主张用逻辑推理的方式来论证数学命题的人。

主要贡献

刘徽是世界上最早提出十进小数概念的人，并用十进小数来表示无理数的立方根。代数方面，他提出了正负数的概念及其加减运算的法则，改进了线性方程组的解法。几何方面，提出了割圆术，指不断倍增圆内接正多边形的边数求出圆周率的方法。

个人成就

《九章算术》约成书于东汉之初，约有246个问题的解法。但是因为解法比较原始，缺乏必要的证明，刘徽对此做了补充证明，在曹魏景初四年注《九章算术注》。在自撰《海岛算经》中，他提出了重差术，采用了重表、连索和累矩等测高测远方法。

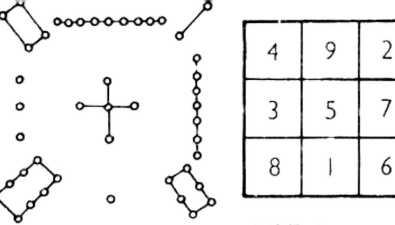

三阶纵横图

杨 辉

杨辉是南宋著名数学家，与秦九韶、李冶、朱世杰并称为"宋元数学四大家"。他在乘除捷算法、垛积术、纵横图以及数学教育方面，均做出了重大的贡献。他是世界上第一个排出丰富的纵横图和讨论其构成规律的数学家。

如果把诸多数学家比作群山，朱世杰就是最高大、最雄伟的山峰，站在他的数学思想高度看传统数学，会有"一览众山小"的感觉哦！

数学

朱世杰

朱世杰（1249—1314年），字汉卿，号松庭，是元代数学家、教育家，毕生从事数学教育，被誉为"中世纪世界最伟大的数学家"。他在天元术的基础上发展出四元术，也就是列出四元高次多项式方程以及消元求解的方法。

天元术

天元术是利用未知数列方程的一般方法，与现代代数学中列方程的方法基本一致。在古代数学中，列方程和解方程是相互联系的两个重要问题。天元术提供了列方程的统一方法，步骤要比阿拉伯数学家的代数学进步得多。

四元术

四元术是我国古代的一种四元高次方程组解法，也就是近代多元高次方程组的分离系数表示法，求解方法和解方程组的方法基本一致。四元术是在天元术基础上逐渐发展而成的，它领先于世界，是我国数学史上的光辉成就之一。

梅文鼎

梅文鼎（1633-1721年），清初天文学家、数学家，是清代"历算第一名家"和"开山之祖"。梅文鼎毕生致力于复兴中国传统的天文和算学知识，并且推进中西天文学的融合，被世界科技史界誉为与英国牛顿和日本关孝和齐名的"三大世界科学巨擘"。

主要成就

梅文鼎为研究天文历法，对数学进行了深入研究。他的第一部数学著作是《方程论》，他还在《笔算》《筹算》和《度算释例》中分别介绍了西方写算方法。《勾股举隅》是他研究中国传统勾股算术的著作，主要成就是对勾股定理的证明和对勾股算术算法的推广。

$$a^2 + b^2 = c^2$$

熊庆来

熊庆来（1893-1969年），字迪之，中国现代数学先驱，是中国函数论的主要开拓者之一。他主要从事函数论方面的研究工作，定义了一个"无穷级函数"，国际上称为"熊氏无穷数"，被载入了世界数学史册，奠定了他在国际数学界的地位。

学术论著

熊庆来潜心于学术研究与著述，编写的《高等数学分析》等10多种大学教材，是当时第一次用中文写成的数学教科书。他创办了中国近代史上第一个近代数学研究机构以及《中国数学报》，把培育人才当作头等大事。

> 聪明的人不一定有智慧，笨拙的人不一定迂傻；聪明的路不等于成功的捷径，笨拙的路中也不都是暗淡的绝境。数学中有排列组合一说，关键也在此吧。
>
> ——江泽涵

江泽涵

江泽涵（1902—1994年），中国数学家、教育家，主要从事不动点理论、莫尔斯理论、复迭空间与纤维丛等领域的研究工作，并且取得了突出成就。他最重要的工作是在不动点理论方面的研究，不动点理论是20世纪数学发展中的重大课题之一。

科研成就

江泽涵最早开展的是临界点理论的研究，他把莫尔斯的临界点理论直接应用到了分析学中。经过数年努力，江泽涵写出了专著《不动点类理论》，该书为初具拓扑基础的青年读者铺平了学习不动点理论的道路，推动了中国不动点理论的研究。

华罗庚

华罗庚（1910—1985年），中国解析数论的创始人和开拓者，被誉为"中国现代数学之父"。他主要从事解析数论、矩阵几何学、典型群、自守函数论、多复变函数论、偏微分方程、高维数值积分等领域的研究，并且取得了突出成就。

科研成就

华罗庚在解决高斯完整三角和的估计难题、华林和塔里问题改进、一维射影几何基本定理证明、近代数论方法应用研究等方面获得了出色成果。他还被芝加哥科学技术博物馆列为当今世界88位数学伟人之一。

学术论著

华罗庚的著作有《堆垒素数论》《数论导引》《从单位圆谈起》等，有些还被列入20世纪数学的经典著作。此外，还有学术论文150余篇，科普作品《优选法评话及其补充》《统筹法评话及补充》等。国际上以华氏命名的数学科研成果有华氏定理、华氏不等式等。

> 学习和研究好比爬梯子，要一步一步地往上爬，企图一脚跨上四五步，平地登天，那就必须会摔跤了。
> ——华罗庚

球内格点

陈景润

陈景润（1933-1996年），当代数学家。他主要从事解析数论方面的研究，并且在哥德巴赫猜想研究方面取得国际领先的成果。20世纪50年代他对高斯圆内格点、球内格点、塔里问题与华林问题做了重要改进。

> 孩子有好奇心是件好事，他能拆开玩具证明他有求知欲望，能研究问题，做父母的要支持他才对。
> ——陈景润

科研成就

1966年5月，陈景润发表了论文《表大偶数为一个素数及一个不超过二个素数的乘积之和》。论文中，将几百年来人们未曾解决的哥德巴赫猜想的证明大大推进了一步，引起轰动，在国际上被命名为"陈氏定理"。

阅读大视野

华罗庚的勤奋是出了名的，在他小的时候，因为家境不好，交不起学费，便辍学在家。辍学后的他对数学格外热爱，他一边在父亲的杂货铺里帮忙打理生意，一边在空余时间学习数学。五年之内，他将高中到大学的基本数学课程都学会了。

世界著名数学家

数学家是指对世界数学界发展做出创造性贡献的人士。他们将所学知识运用在解决数学问题上，专注于数、数据、集合、结构、空间、变化等研究。他们有的人耗尽毕生精力，研究出了非常重要的数学成果，成为近代数学的奠基者。

在数学的天地里，重要的不是我们知道什么，而是我们如何知道什么。
——毕达哥拉斯

毕达哥拉斯

毕达哥拉斯（约公元前580-公元前490年），古希腊数学家、哲学家。最早把数的概念提到突出地位的是毕达哥拉斯学派，他们很重视数学，企图用数来解释一切。毕达哥拉斯将自然数区分为奇数、偶数、素数、完全数、平方数、三角数和五角数等。

阿基米德

阿基米德（公元前287-公元前212年），伟大的古希腊哲学家、百科式科学家、数学家、物理学家、力学家。他是静态力学和流体静力学的奠基人，并且享有"力学之父"的美称。阿基米德在数学上也有着极为光辉灿烂的成就，他的数学思想中蕴涵微积分。

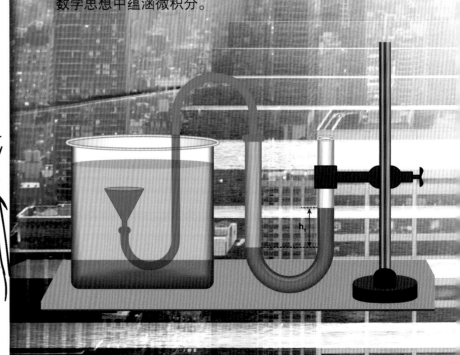

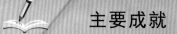

阿基米德利用逼近法算出球面积、球体积、抛物线、椭圆面积，后来的数学家依据这样的逼近法加以发展成近代的微积分。他算出球的表面积是其内接最大圆面积的四倍，又导出圆柱内切球体的体积是圆柱体积的三分之二。

丢番图

　　丢番图（246-330年），是古希腊亚历山大后期的重要学者和数学家。丢番图是代数学的创始人之一，对算术理论有深入研究，他完全脱离了几何形式，以代数学闻名于世。他在著作《算术》中讨论了一次、二次和个别三次方程，还有大量的不定方程。

世界著名数学家

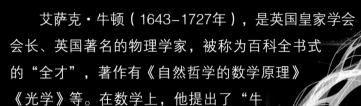

艾萨克·牛顿

艾萨克·牛顿（1643–1727年），是英国皇家学会会长、英国著名的物理学家，被称为百科全书式的"全才"，著作有《自然哲学的数学原理》《光学》等。在数学上，他提出了"牛顿法"以趋近函数的零点，并且为幂级数的研究做出了贡献。

微积分学

微积分的创立是牛顿最卓越的数学成就，他为了解决运动问题，才创立出这种和物理概念直接联系的数学理论。微积分的出现，开辟了数学发展上的新纪元，成了数学发展中除几何与代数以外的另一重要分支，并且进一步发展为微分几何、微分方程、变分法等。

如果说我比别人看得更远一点，那是因为我站在巨人肩上的缘故。
——牛顿

二项式定理

牛顿在前人工作的基础上，建立了二项式定理。二项式定理在组合理论、开高次方、高阶等差数列求和以及差分法中有着广泛应用。二项式定理适用于任何幂，并且为有限差理论做出了重大贡献，还是微积分充分发展必不可少的一步。

$$(a+b)^1 = a+b$$
$$(a+b)^2 = a^2 + 2ab + b^2$$
$$(a+b)^3 = a^3 + 3a^2b + 3ab^2 + b^3$$
$$(a+b)^4 = a^4 + 4a^3b + 6a^2b^2 + 4ab^3 + b^4$$

$$(a+b)^n = \sum_{k=0}^{n} \frac{n!}{k!(n-k)!} x^{n-k} y^k$$

杨辉三角：
1
1 1
1 2 1
1 3 3 1
1 4 6 4 1
1 5 10 10 5 1
1 6 15 20 15 6 1
1 7 21 35 35 21 7 1
1 8 28 56 70 56 28 8 1

戈特弗里德·威廉·莱布尼茨

戈特弗里德·威廉·莱布尼茨（1646—1716年），是德国哲学家、数学家，被誉为十七世纪的亚里士多德。他是历史上少见的通才，在数学史和哲学史上都占有重要地位。在数学上，他和牛顿先后独立发现了微积分。

> 虚数是奇妙的人类精神寄托，它好像是存在与不存在之间的一种两栖动物。
> ——莱布尼茨

微积分学

现今在微积分领域使用的符号是莱布尼茨所提出的，他认为好的数学符号能够节省思维劳动，运用符号的技巧是数学成功的关键之一。因此，他所创设的微积分符号远远优于牛顿的符号，这对微积分的发展有着重大影响。

拓扑学

拓扑学最早称为"位相分析学"，是莱布尼茨于1679年提出的。这是一门研究地形、地貌相类似的学科，当时主要研究的是出于数学分析的需要而产生的一些几何问题。莱布尼茨还发明了二进制，并且进行了系统性深入研究，完善了二进制。

莱昂哈德·欧拉

莱昂哈德·欧拉（1707－1783年），是瑞士数学家、自然科学家。他是数学史上最多产的数学家，平均每年写八百多页的论文，还写了大量的力学、分析学、几何学等课本，代表作品有《无穷小分析引论》《微分学原理》《积分学原理》。

> 今天的学生从欧拉的无穷分析引论中所能获得的益处，是现代任何一本教科书都不能比拟的。
>
> ——塞尔

全才数学家

几乎每一个数学领域都可以看到欧拉的名字，如数论的欧拉函数、变分法的欧拉方程、复变函数的欧拉公式、多面体的欧拉定理等。在数学和物理的很多分支中到处都是以欧拉命名的常数、公式、方程和定理，并且，他还把数学应用到数学以外的很多领域。

欧拉恒等式

欧拉是解析数论的奠基人，他提出欧拉恒等式，建立了数论和分析之间的联系，使得微积分可以研究数论。欧拉恒等式也叫欧拉公式，是数学里最令人着迷的公式之一，它将数学里最重要的几个常数联系到了一起。

波恩哈德·黎曼

波恩哈德·黎曼(1826—1866年)，是德国著名的数学家。他在数学分析和微分几何方面做出过重要贡献，他开创了黎曼几何，并且给后来爱因斯坦的广义相对论提供了数学基础。另外，他还对偏微分方程及其在物理学中的应用有着重大贡献。

德国数学家克莱因说："黎曼具有非凡的直观能力，他的理解天才胜过所有同代数学家。"

复变函数论

黎曼首先提出用复变函数论研究数论的新思想和新方法，开创了解析数论的新时期，并且对单复变函数论的发展有着深刻的影响。他是世界数学史上最具有独创精神的数学家之一，他的著作不多，但是却异常深刻，富含对概念的创造与想象。

黎曼猜想

黎曼留给后人的难题之一就是当今著名的黎曼猜想，黎曼猜想是一个二阶逻辑问题，它的主项是一个集合概念的命题，属于无法一次性证明的工作。2018年9月，英国数学家迈克尔·阿蒂亚声明证明黎曼猜想，并且贴出了他证明黎曼猜想的预印本。

戴维·希尔伯特

戴维·希尔伯特（1862-1943年），是德国著名数学家，他是天才中的天才，被称为"数学界的无冕之王"。希尔伯特领导的哥廷根学派是当时世界数学研究的重要中心，并且培养了一批对现代数学发展做出重大贡献的杰出数学家。

希尔伯特问题

在1900年的巴黎国际数学家代表大会上，希尔伯特提出了新世纪数学家应当努力解决的23个数学问题。这23个问题被认为是20世纪数学的至高点，对这些问题的研究有力推动了20世纪数学的发展，在世界上产生了深远的影响。

数学工作

希尔伯特的数学工作可以划分为几个不同的时期，每个时期他几乎都集中精力研究一类问题。按照时间顺序，他的主要研究内容有不变量理论、代数数域理论、几何基础、积分方程、物理学、一般数学基础等。

伯特兰·罗素

伯特兰·阿瑟·威廉·罗素（1872-1970年），英国哲学家、数学家、逻辑学家、历史学家、文学家，分析哲学的主要创始人，世界和平运动的倡导者和组织者。他在数学上成就显著，把数学视为柏拉图理念的证据。

> 数学，如果正确地看，不但拥有真理，而且也具有至高的美。
>
> ——罗素

主要贡献

罗素在数学逻辑方面具有巨大的贡献，他和英国数学家怀特海共同创作了《数学原理》一书，被公认为是现代数理逻辑的基础。他所提出的"罗素悖论"推动了20世纪逻辑学的发展，他所主张的逻辑主义也在一定程度上推动了数学历史的发展。

阅读大视野

欧拉可以在任何不良的环境中工作，他常常抱着孩子在膝盖上完成论文，不顾孩子在旁边喧哗。他拥有顽强的毅力和孜孜不倦的治学精神，在双目失明以后，他也没有停止对数学的研究。在失明后，他还口述了几本书和400篇左右的论文。

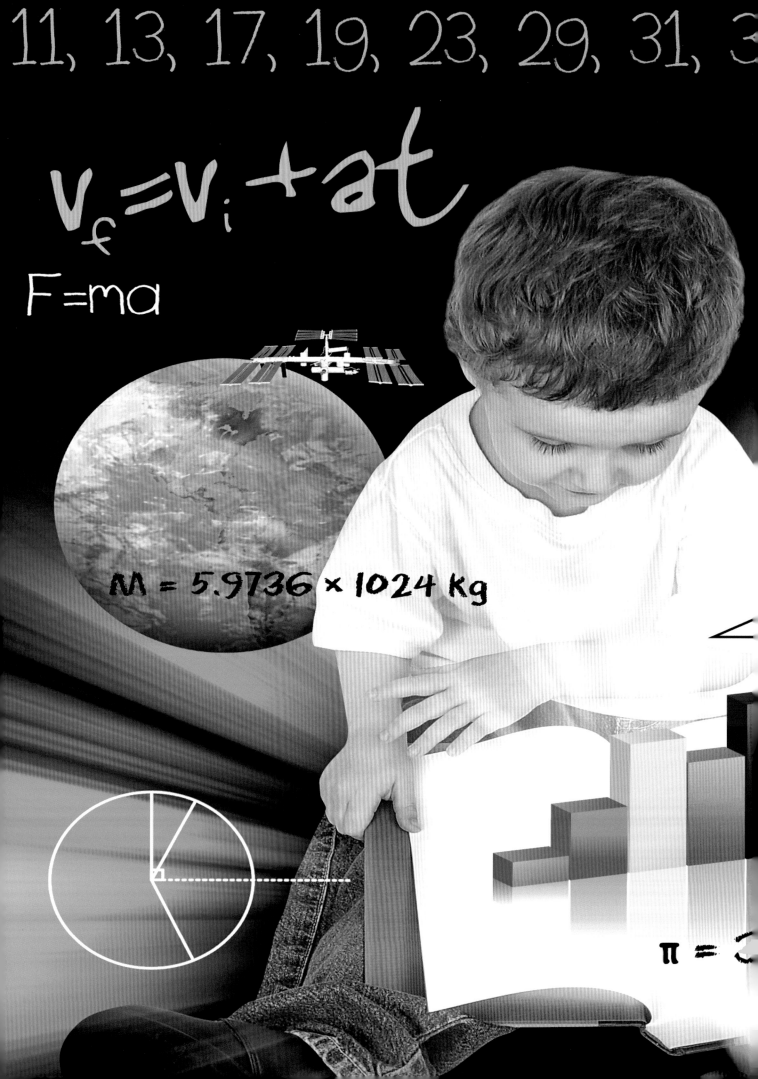

41, 43, 47, 53

$E=mc^2$

$a^2+b^2=$

x

4cm

5cm   90°

几何

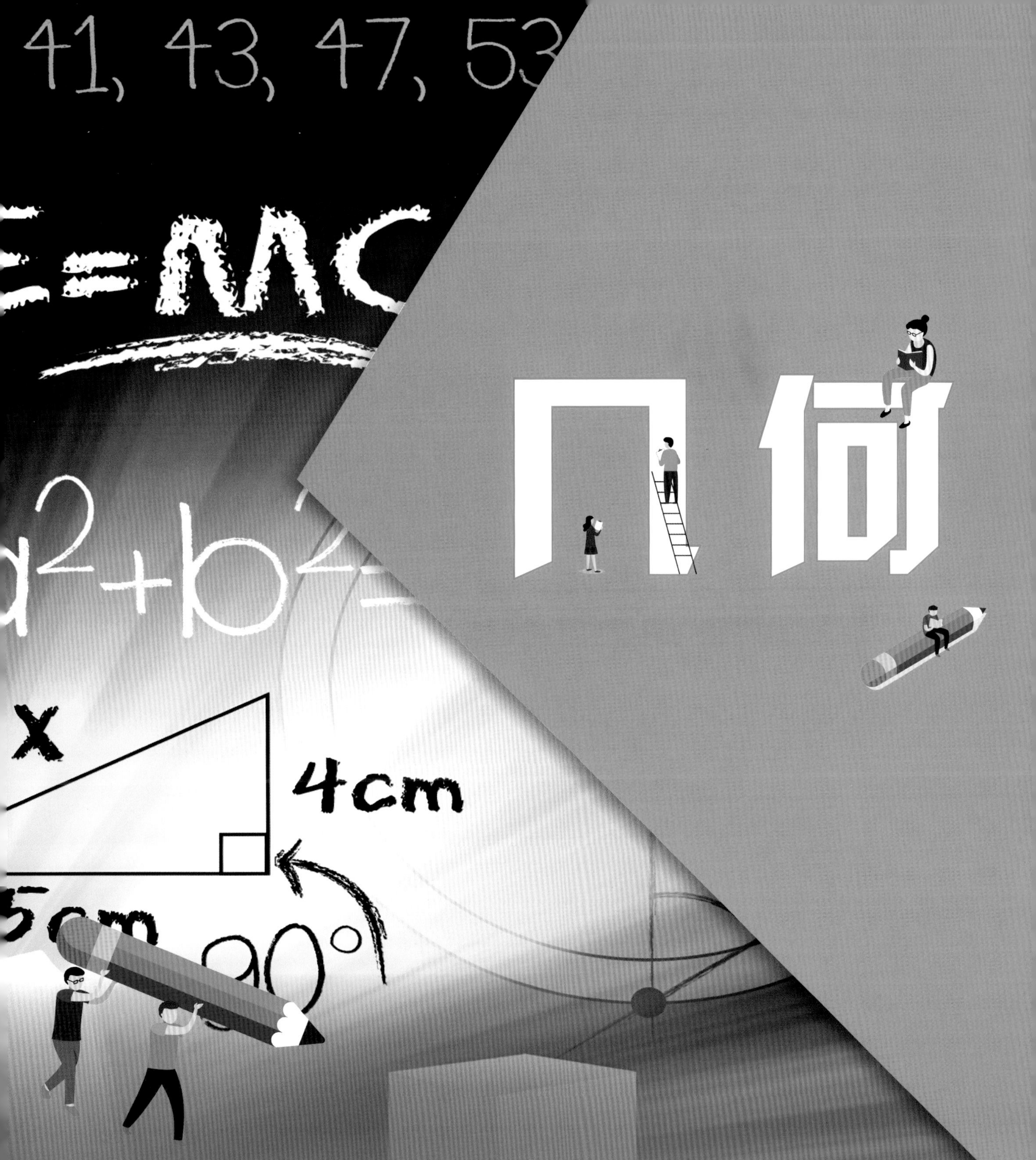

　　几何是研究空间结构以及性质的一门学科。它是数学中最基本的研究内容之一，与分析、代数等具有同样重要的地位，并且关系极为密切。几何学发展历史悠长，内容丰富，常见定理有勾股定理、欧拉定理、斯图尔特定理等。几何思想是数学中最重要的一类思想，数学各分支的发展都有几何化趋向。

点与直线

在数学中，点、直线、平面、集合、空间、数、量等都是原始概念，但是有些是通过公理来直接描述的。点作为最简单的图形，是几何图形最基本的组成部分，直线是构成几何图形的最基本元素。

 ## 点

在现代数学语言中，任何集合的元素都叫作点。端点是指一条线段两端上的点或一条射线一端上的点。把一条线段平均分成若干线段的点叫作等分点。多边形两条边相交的地方叫顶点。两条直线的公共点叫作交点。

有两个端点的是线段，一个端点的是射线，直线是没有端点的，小朋友们，千万要分清楚啊！

 ## 直 线

直线由无数个点构成，它没有端点，能够向两端无限延长，长度是无法度量的。直线是轴对称图形，它有无数条对称轴，其中一条是它本身。在平面上，不重合的两点有且只有一条直线。在球面上，过两点可以做无数条类似直线。

几何

线 段

线段是指直线上两点间的有限部分，包括两个端点。用直尺把两点连接起来，就得到一条线段，连接两点间线段的长度叫这两点间的距离。在连接两点的所有线中，线段最短，所以三角形中两边之和大于第三边。

射 线

射线是由线段的一端无限延长所形成的直线，射线有且仅有一个端点，无法测量长度。两条端点相同，方向不同的射线，是两条不同的射线。两条端点相同，方向也相同的射线，则是同一条射线。

B

B

B

马路上的斑马线好似斑马身上的线条，是由多条相互平行的白实线组成的哦！

B

平 行

在平面上的两条直线、空间的两个平面以及空间的一条直线与一平面之间没有任何公共点时，称它们为平行。

在同一平面内，垂直于同一条直线的两条直线互相平行。互相平行的两条直线没有交点，无论延伸多远都不会相交。

阅读大视野

很久以前，一个小圆点常常想，有没有谁长得像它一样，难道这个世界上它是孤孤单单的吗？一天，它遇见一位见多识广的博士，博士那里也有一位小圆点，他把两个小圆点连了起来，形成了一条线。小圆点看到和自己手拉手的兄弟，开心极了。

角的认识

角在几何学中，是由两条有公共端点的射线组成的几何对象。这两条射线叫作角的边，它们的公共端点叫作角的顶点。角的大小与边的长短没有关系，角的大小决定于角的两条边张开的程度，张开的越大，角就越大，相反，张开的越小，角则越小。

角

角用符号"∠"表示，角度是用以量度角的单位，符号为"°"。从一个角的顶点出发，把这个角分成两个相等的角的射线叫作这个角的平分线。角平分线上的点到角两边的距离相等，若角内部一点到角两边的距离相等，则该点在这个角的角平分线上。

锐 角

锐角是指大于0度，小于90度的角。锐角是劣角，两个锐角相加不一定大于直角，但是一定小于平角。三个角都是锐角的三角形叫作锐角三角形。在锐角三角形中，每一个内角都是锐角且任意两个内角之和大于直角。

几何

直角

直角又被称为正角，是角度为90度的角，两个直角便等于一个半角。直角三角形是一个几何图形，是有一个角为直角的三角形，有普通的直角三角形和等腰直角三角形两种。直角三角形两条直角边的平方和等于斜边的平方。

钝角

两条直线之间的夹角大于90度小于180度时，称为钝角。钝角也是劣角的一种。钝角一定是第二象限角，第二象限角不一定是钝角。钝角三角形的两条高在钝角三角形的外部，另一条在三角形内部。

角的画法

画角时，先画一条射线，使量角器的中心和射线的端点重合，零刻度线和射线重合。在量角器刻度的地方点一个点，然后连接射线的端点。测量时，用量角器的中心对准角的顶点，量角器的零刻度线对齐角的一边，角的另一边所指的刻度就是角的大小。

小小角真简单，一个顶点两条边，画角时要牢记，先画顶点再画边，小朋友们，快去试试吧！

角的认识

阅读大视野

角的王国里有五位好兄弟，它们分别是锐角、直角、钝角、平角和周角。有一次，平角无意间嘲笑锐角太小了，没有用。锐角听到后委屈哭了，钝角爱打抱不平，它和锐角加起来就超过了平角。直角看到后，告诉了周角。周角告诉它们要和睦相处，团结友爱。

尺规作图

尺规作图是起源于古希腊的数学课题，是指用无刻度的直尺和圆规作图。最常用的尺规作图通常称为基本作图，一些复杂的尺规作图都是由基本作图组成的。在学习数学的过程中，我们经常会用到直尺和圆规来作出平面图形。

直尺

直尺是一种非常普遍的计量长度仪器，具有精确的直线棱边，通常用于测量较短的距离或画出直线。直尺上通常有刻度用以测量长度，最小的刻度一般为1毫米，标度单位为厘米。有些直尺中间留有特殊形状的洞，如字母或圆形等，方便画图。

虽然我只是一个小小的工具，但是却能够画出很多不同的图案，快点开动你的小脑筋，过来尝试吧！

三角尺

三角尺也称为三角板，是一种常用的作图工具。每副三角板都由两个特殊的直角三角形组成，一个是等腰直角三角尺，另一个是特殊角的直角三角尺。等腰直角三角尺的两个锐角都是45°，特殊直角三角尺的锐角分别是30°和60°。

量角器

　　量角器是一种常见的画图工具，经常与圆规一起使用。它可以画角度、量角度、垂直线、平行线、测倾斜度、垂直度、水平度，还可以当内外直角拐尺或长短直尺。它能够较直观的读出所需要的角度，也可以根据需要画出规定尺寸的圆寸。

绘制圆形

　　一般情况下，可以用圆规画出圆形。首先要用尺子量出圆规两脚之间的距离，作为半径，然后把带有针的一端固定在一个地方，作为圆心，最后把带有铅笔的一端旋转一周，一个圆形就绘制成功了。在画图过程中，要小心带有针的一端刺到手。

圆　规

　　圆规在数学和制图中是用来绘制圆或弦的工具，常常用于尺规作图。它通常由金属制作而成，包括两部分，中间由一个铰链连接，可以做出调整。画圆的过程中，圆规两脚间的距离不能改变，带有针的一端不能移动。

　　各种各样的图案在添加了色彩之后，会变得更加漂亮，快让你的水彩笔发挥作用吧！

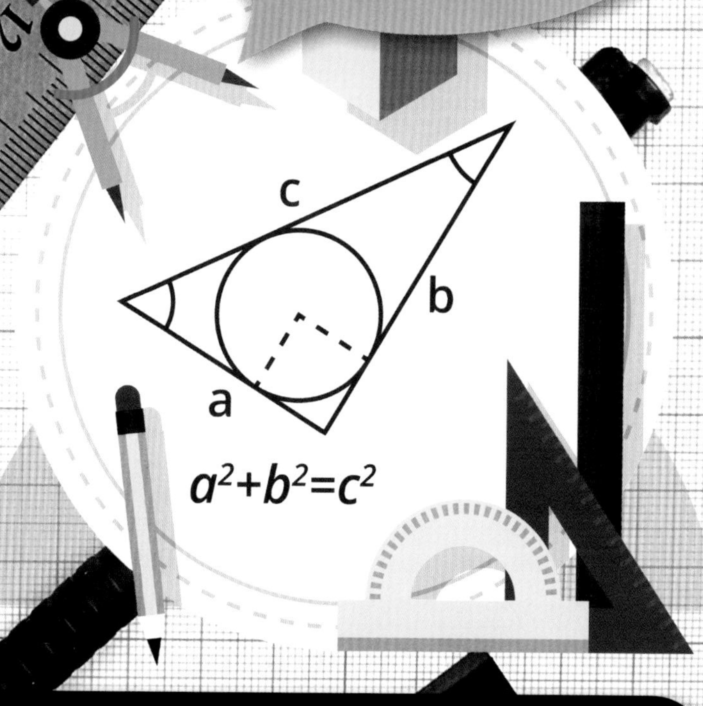

尺规作图

$$a^2+b^2=c^2$$

阅读大视野

　　夜晚，小主人睡觉了，作业本上的基本图形争论了起来。圆形的家族成员最多，硬币、车胎、足球和光盘等都是圆形。方形的兄弟也随处可见，纸巾、魔方、汉字和电视屏幕等都是方形。最后，大家发现每个人都有自己的作用。

图形的计算

平面图形是几何图形的一种，指所有点都在同一平面内的图形，如直线、三角形、平形四边形等都是基本的平面图形。立体图形是指所有点不在同一平面内的几何图形。图形是空间的一部分，不具有空间的延展性，它是局限的可识别的形状。

周 长

周长是指环绕图形一周的长度，用字母"C"表示。描出一个物体或图形的边线时，可以从不同的起点开始，再到这一点终止，首尾相连接。多边形周长的长度也相等于图形所有边的和，可以运用平移的方法比较两个图形的周长是否相等。

几何

沿着操场的跑道跑一周，就是操场的周长，操场的大小则是它的面积，你分清楚了吗？

面 积

物体的表面或封闭图形的大小就是它们的面积，面积可以是平面的，也可以是曲面的，用字母"s"表示。边长是指平面图形每条边的长度，用字母"a"表示。周长相等的平面图形，面积不一定相等。面积相等的平面图形，周长不一定相等。

体 积

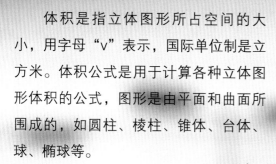

体积是指立体图形所占空间的大小，用字母"v"表示，国际单位制是立方米。体积公式是用于计算各种立体图形体积的公式，图形是由平面和曲面所围成的，如圆柱、棱柱、锥体、台体、球、椭球等。

正方形

有一个角是直角且有一组邻边相等的平行四边形是正方形，正方形具有矩形和菱形的全部特性。正方形的四条边相等，四个内角相等，均为90度。它既是中心对称图形，又是轴对称图形，有四条对称轴。

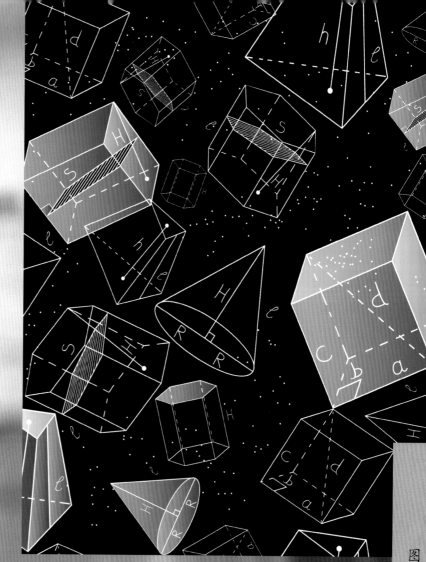

正方形的计算

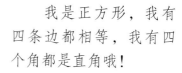

正方形的四条边相等，它的周长＝边长×4，用公式表达为"C=4a"。反之，它的边长＝周长÷4。正方形的面积等于边长的平方，也就是边长×边长，用公式表达为"S=a×a"。

我是正方形，我有四条边都相等，我有四个角都是直角哦！

长方形

长方形也叫矩形，是一种平面图形，是有一个角是直角的平行四边形。长方形的两条对角线相等且互相平分，两组对边分别平行且相等。它的四个角都是直角，具有两条对称轴。根据习惯，长方形长的那条边叫长，短的那条边叫宽。

长方形的计算

长方形的对边相等，一般来讲，长的那条边叫长，宽的那条边叫宽。因此它的周长等于长加宽的和再乘以2，用公式表达为"C=2（a+b）"。长方形的面积则等于长乘以宽，用公式表达为"S=a×b"。

C=2（a+b）

长方体

长方体是指底面为长方形的直四棱柱，由六个面组成的，每组相对的面完全相同。它有12条棱，相对的四条棱长度相等，相邻的两条棱互相垂直。长方体的每个顶点连接三条棱，三条棱分别为它的长、宽、高。

长方体的计算

长方体相对的两个面面积相等，它有三对相对的面。因此它的表面积=（长×宽+宽×高+长×高）×2，高用"c"表示，用公式表达为"S=2(ab+bc+ca)"。长方体的体积=长×宽×高，用公式表达为"V=a×b×c"。

Total surface area (T):

T=2(ab+ac+bc)

Volume (V):

V=a·b·c

Diagonal (d):

d=√a²+b²+c²

几何

三角形

　　三角形是由同一平面内不在同一直线上的三条线段首尾依次连接所组成的封闭图形。常见的三角形有三条边都不相等的普通三角形、两条边相等的等腰三角形和三条边相等的等边三角形。按照角分类，有直角三角形、锐角三角形、钝角三角形等。

三角形分类

　　锐角三角形的三个内角都小于90度，直角三角形的三个内角中有一个角等于90度，钝角三角形的三个内角中有一个角大于90度。等边三角形又称正三角形，它的三条边相等，三个内角相等，均为60度。等边三角形是锐角三角形的一种，是最稳定的结构。

　　我是三角形，三边三个角，我是长方形，长长两条边，我们两个握握手，就会变成一棵小松树哦！

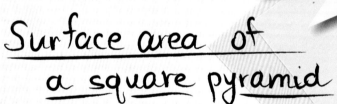

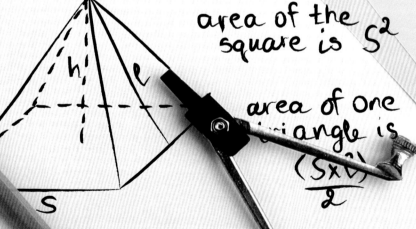

Surface area of a square pyramid

area of the square is S^2

area of one triangle is $\frac{(S \times l)}{2}$

$$SA = S^2 + 2 \times S \times l$$

三角形的计算

　　若一个三角形的三条边分别为a、b、c，则它的周长就是三条边相加的和，用公式表达为"C=a+b+c"。三角形的三边均可以为底，面积为它的三边与之对应的高的积的一半，也就是面积=底×高÷2，它的高用"h"表示，公式表达为"S=ah÷2"。

平行四边形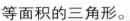

平行四边形是指在同一个二维平面内，由两组平行线段组成的闭合图形。平行四边形的两组对边分别平行，属于平面图形。平行四边形不是轴对称图形，是中心对称图形。平行四边形的对角线能够将它分成四个相等面积的三角形。

几何

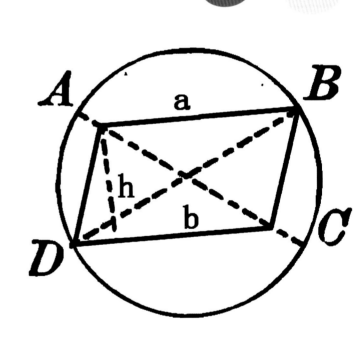

$$C=2（a+b）\quad S=a×h$$

平行四边形的计算

平行四边形的周长等于四边之和，也就是2（底1+底2），如果底1用"a"表示，底2用"b"表示，则公式表达为"C=2(a+b)"。平行四边形的面积=底×高，可以运用割补法，高用"h"表示，公式表达为"S=a×h"。

梯形是指只有一组对边平行的四边形。平行的两边叫作梯形的底边，较长的一条底边叫下底，较短的一条底边叫上底。另外两边叫腰，夹在两底之间的垂线段叫梯形的高。

一腰垂直于底边的梯形叫直角梯形，两腰相等的梯形叫等腰梯形。

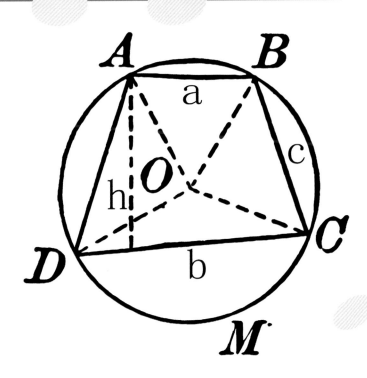

$$L=a+b+2c$$

$$S=(a+b) \times h \div 2$$

梯形的计算

梯形的两腰相等，设它的上底长为"a"，下底长为"b"，腰长为"c"，周长为"L"，则它的周长公式为"L=a+b+2c"。梯形的面积=(上底+下底)×高÷2，公式表达为"s=(a+b)×h÷2"。

圆 形

在一个平面内，一动点以一定点为中心，以一定长度为距离旋转一周所形成的封闭曲线叫作圆，圆有无数条对称轴。圆的直径、半径长度永远相同，它有无数条半径和无数条直径。圆是轴对称、中心对称图形，对称轴是直径所在的直线。

圆形的计算

圆的直径用"d"表示，半径用"r"表示，圆周长的一半 $=\pi r$，圆的周长$=\pi\times$直径，或周长$=2\pi\times$半径，用公式表达为"$C=\pi d$"或"$C=2\pi r$"。圆的面积$=$半径的平方$\times\pi$，它的面积用"S"表示，公式表达为"$S=\pi r^2$"。

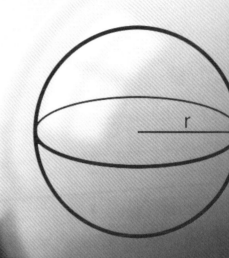

$$S=\pi r^2$$

几何

圆柱体

圆柱体是由两个底面和一个侧面组成的，看起来就好像一根柱子。圆柱的两个圆面叫底面，周围的面叫作侧面，两个底面之间的距离叫高。圆柱的侧面展开后是长方形，长方形的长度等于圆柱底面的周长，宽等于圆柱的高。

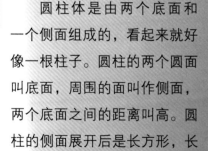

硬币是圆的，汉字是方的，书本是长的，小朋友们，快去帮生活中的物体对号入座吧！

圆柱体的计算

圆柱体的高用"h"表示，它的侧面积=底面周长×高，公式表达为"πdh"或"2πrh"，表面积=侧面积+底面积×2。圆柱体的体积=底面积×高，公式表达为"V=πr²h"。

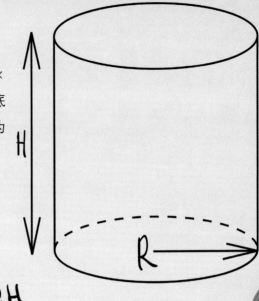

$$V = \pi R^2 H$$

$$S = 2\pi R^2 + 2\pi RH$$

圆面积乘圆柱高，是求圆柱的体积，同底等高求圆锥，只需要再乘三分之一，就可以了哦！

圆锥体的计算

圆锥的底面半径用"r"表示，圆锥母线用"L"表示，侧面展开图的圆心角弧度用"α"表示。它的侧面积=底面周长×高，表面积=底面积+侧面积，用公式表达为"S=πr²+πrL"。圆锥体的体积=底面积×高÷3，公式表达为"V=πr²h÷3"。

图形的计算

阅读大视野

七巧板是中国古代劳动人民的发明，它由七块板组成，完整图案为一个正方形。七巧板可以随意拼出你自己设计的图样，但是要用七巧板拼出特定的图案，就会遇到真正的挑战。七巧板充满了乐趣，它大约可以拼出1600种以上的图案。

圆周率

圆周率是圆的周长与直径的比值，一般用希腊字母 π 表示，是一个在数学以及物理学中普遍存在的数学常数。π 属于无理数，是一个无限不循环小数，是精确计算圆周长、圆面积、球体体积等几何形状的关键值。

圆周率

在日常生活中，通常用3.14代表圆周率去进行近似计算。而用十位小数3.141592654便足以应付一般计算。即使是工程师或物理学家要进行比较精密的计算，充其量也只需要取值到小数点后几百位。

很多人为了计算出更为精准的数值，常常会达到废寝忘食的地步，我们要永远记得他们的贡献哦！

圆周率历史

古希腊数学家阿基米德开创了人类历史上通过理论计算圆周率近似值的先河，他计算出3.141851为圆周率的近似值。公元480年左右，南北朝时期的数学家祖冲之进一步得出精确到小数点后7位的结果，给出不足近似值3.1415926和过剩近似值3.1415927。

几何

计算机时代

1949年，美国制造了世界上首部电脑，电子计算机的出现使π值的计算有了突飞猛进的发展。数学家里特韦斯纳、冯纽曼和梅卓普利斯利用这部电脑计算出了π的2037个小数位。这部电脑只用了70个小时，大约平均两分钟就能够算出一位数。

圆周率符号

圆周率符号用"π"表示，是第十六个希腊字母的小写。1706年，英国数学家威廉·琼斯最先使用"π"来表示圆周率。1736年，瑞士大数学家欧拉也开始用"π"表示圆周率。从此，"π"便成了圆周率的代名词。

圆周率特性

1761年，德国数学家兰伯特证明了圆周率是无理数。1882年，德国数学家林德曼证明了圆周率是超越数。此后，圆周率的神秘面纱就被揭开了。2019年3月，谷歌宣布圆周率现在已经精确到了小数点后31.4万亿位。

圆周率

我后面的数字是算不尽的，尽管已经有了计算机的出现，但是人们还没有揭开我的终极奥秘哦！

阅读大视野

德国数学家鲁道夫几乎耗尽了一生的时间，于1609年得到了圆周率的35位精度值。英国数学家尚克斯耗费了15年光阴，在1874年算出了圆周率小数点后707位，并将其刻在了墓碑上作为一生的荣誉。可惜，后人发现，他从第528位开始就算错了。

垂直与高

　　从三角形一个顶点向它的对边作垂线，那么这个顶点和垂足之间的线段就叫三角形的高线，简称为高。垂直是指一条线与另一条线成直角，这两条直线互相垂直。三角形与梯形的底与高一定是相互垂直的。

　　垂直过山车的最高落差大约达到80米，相当于26层楼的落差哦！

垂直

　　垂直通常用符号"⊥"表示。两条直线相交成直角时，这两条直线互相垂直，其中一条直线是另一条直线的垂线，这两条直线的交点叫垂足。连接直线外一点与直线上各点的所有线段中，垂直线段最短。

几何

垂足

　　当两条直线相交所成的四个角中，有一个角是直角时，就说这两条直线互相垂直，它们的交点就叫垂足。简单来讲，垂足就是相交成直角的点。当出现直角时，必定有垂足产生。当不存在直角时，也就不存在垂足。直角和垂足同时存在。

垂 线

垂线是指和一条已知直线相互垂直的直线。画垂线时，先画出一条直线，用三角板的一条直角边与这条直线重合，沿着三角板的另一条直角边画线并且与前面那条直线相交，这条线就是前面那条直线的垂线。

顶 点

在平面几何学中，顶点是指多边形两条边相交的地方，或指角的两条边的公共端点。在立体几何学中，顶点是指在多面体中三个或更多的面连接的地方。顶点是多边形、多面体或其他更高维多面体的角点。

高

从平行四边形的一条边上任意一点向对边引一条垂线，点到垂足之间的线段叫平行四边形的高。一个平行四边形可以有无数条高，但是底却仅有四个。三角形的高是一条线段，由于三角形有三条边，所以三角形有三条高。

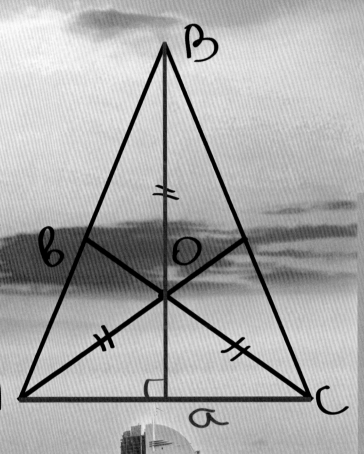

垂直与高

90°

阅读大视野

通常，我们把直线外一点到这条直线的垂线段的长度叫作点到直线的距离。线外一点与直线上各点连接的所有线段中，垂线段最短。生活运用到垂线段最短的例子有很多，如盖房子的时候，用垂球来确定房子与地面垂直。

平移与旋转

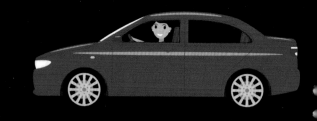

平移和旋转都是物体运动现象，物体会在同一平面内沿着某个方向运动。运动过程中，它们都发生了位置变化，而自身的形状和大小都没有发生改变。平移的运动方向不会发生改变，旋转是围绕一个点或轴做圆周运动。

平移

平移是指在同一平面内，将一个图形上的所有点都按照某个直线方向做相同距离的移动，这样的图形运动叫图形的平移运动，简称平移。图形经过平移，对应线段相等，对应角相等，对应点所连接的线段相等。

几何

小汽车行驶过程中，车子前进是平移现象，轮胎转动是旋转现象，小朋友，你分清楚了吗？

平移的性质

平移是由方向和距离决定的，多次连续平移相当于一次平移。平移之后得到的图形与原来的图形是完全相等的，只是位置发生了改变。新图形中的每一个点都是由原来图形中的某一点移动后得到的，这两个点是对应点，连接各组对应点的线段平行且相等。

旋　转

在同一平面内，一个图形绕着一个定点旋转一定的角度，这样的运动叫作图形的旋转。这个定点叫旋转中心，转动的角度叫旋转角。旋转中心是唯一不动的点，旋转中心、旋转方向、旋转角度为旋转的三要素。

旋转的性质

图形的旋转是图形在同一平面上绕着某个固定点旋转固定角度的位置移动，旋转后与旋转前的图形大小和形状都没有发生过改变。经过旋转的对应点到旋转中心的距离相等，对应点与旋转中心所连线段的夹角等于旋转角。

中心对称

如果把一个图形绕着某一个点旋转180度后能够与自身重合，则说明这个图形是中心对称图形。中心对称的两个图形是完全相等的图形，它们的对应线段平行且相等，对称点连线都经过对称中心，并且被对称中心平分。

阅读大视野

在日常生活中，经常会有平移和旋转的现象。如游乐园的小朋友从滑梯上的顶端滑向底端，电梯的上下运动，还有蹦极运动员在空中的上下移动等，这些都是平移现象。而风车、电风扇、小汽车的轮胎转动等，这些都是旋转现象。

魔方是一个智力游戏，做这个游戏时，我们用到的手部动作就是旋转哦！

对称图形

对称图形有很多分类，包括轴对称图形、旋转对称图形、中心对称图形等。如果一个图形沿着一条直线对折后，两部分能够完全重合，那么这样的图形就叫作轴对称图形，这条直线叫作对称轴。对称图形具有美观、平衡、稳定等特性，所以备受人们青睐。

对称

对称是指以一个点或一条线为中心，物体两边的大小、形状和排列具有一一对应的关系，事物色彩、影调、结构都是统一和谐的现象。我国的建筑，从古代宫殿到近代一般住房，绝大部分都是对称的，对称是中国人独有的生活美学。

对称美源于自然，也源于人的美好心灵，对称的图案表达了人们对美好生活的祝福，是一种永不过时的经典时尚哦！

对称轴

把一个图形沿着某一条直线翻折，如果它能够与另一个图形重合，那么称这两个图形关于这条直线对称，这条直线叫作对称轴。折叠后重合的点是对应点，也叫对称点。对称轴上的任意一点与对称点的距离相等。

几何

垂直平分线

经过某一条线段的中点，并且垂直于这条线段的直线，叫作这条线段的垂直平分线，又称中垂线。垂直平分线是线段的一条对称轴，它将一条线段从中间分成左右相等的两条线段，并且与所分的线段垂直。

轴对称图形

等腰三角形、正方形、等边三角形、等腰梯形、圆形和正多边形都是轴对称图形。圆形有无数条对称轴，都是经过圆心的直线。要特别注意的是线段，它有两条对称轴，一条是这条线段所在的直线，另一条是这条线段的中垂线。

剪纸是中国民间美术，可以用剪刀在纸上剪出漂亮的花纹，对称的花纹会更好看哦！

旋转对称图形

绕着一个定点旋转一定角度后能够与自身重合的图形称为旋转对称图形。所有的中心对称图形都是旋转对称图形，常见的旋转对称图形有线段、正多边形、平行四边形和圆等。有两条相交对称轴的轴对称图形都是旋转对称图形。

阅读大视野

对称在自然界中的存在是一个普遍现象。植物界有很多具有完美对称性的叶子或娇艳的花朵，而99%的现代动物也都是左右对称祖先的后代。人也具有独一无二的对称美，并且创造了许多具有对称美的艺术品。

多维空间

通常的空间概念是指由长、宽、高组成的三维空间。时间本身具有维度的某些特点，如一条时间轴可以连接无数个三维空间，因此可以认为我们生活在3+1维时空中，也就是四维空间。而多维空间则是指由4条或者更多条维度组成的空间。

一维空间

一维空间是指只由一条线内的点所组成的空间，它只有长度，没有宽度和高度，只能向两边无限延展。一维实际是指一条线，也可以理解为点动成线，指没有面积与体积的物体。而0维是点，它没有长、宽、高。

如果你在一维空间中，那么你就只能看到前面和后面，这里只有长度，没有高度和深度哦！

几何

二维空间

二维空间是指仅由长度和宽度两个要素所组成的平面空间，只向所在平面延伸扩展。在几何中，二维空间是由无数的线所组成的一个平面，只有长和宽，没有高，也可以用"X轴"和"Y轴"来表示。

三维空间

　　三维空间是由无数的面组成的体，是由长、宽、高三个维度所构成的空间，是我们看得见感受得到的空间。空间和时间是运动着的物质的存在形式，空间是物质存在的广延性，时间是物质运动过程的持续性和顺序性。三维的东西能够容纳二维。

四维空间

　　维可以理解成方向，因为人的眼睛只能够看到三维，所以三维以上的空间很难解释。在三维空间坐标上，加上时间，时空互相联系，就构成四维时空。四维空间是指标准欧几里得空间，可以拓展到n维。

多维空间

　　有些人认为，进入黑洞就可以见到神秘的多维几何体，如果确实存在多维空间，那么就可能存在绝对隐身的现象哦！

多维空间

　　多维空间是指由4条或者更多条维度组成的空间。可以定义、可以度量的都可以有维度，如时间、温度、点、线、面、时间、温度，构成五维空间也能够说得通。当然也可以定义点线面的拓扑空间为第四维、第五维、第六维以至第n维。

阅读大视野

　　由于光子只能在三维空间中传播，人的肉眼无法看到其他可能存在的维度，这就使得对多维空间的探寻非常困难。但是，众多的科学家、物理爱好者和科幻迷还是提出了各种有关于多维空间的理论。这在数学公式推理推导中很容易实现，现实却很难对应和想象。

平面与立体

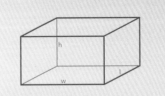

平面几何研究的是平面上的直线和二次曲线的几何结构和度量性质。立体几何归结为三维空间解析几何的研究范畴，研究二次曲面的几何分类问题。平面几何采用了公理化方法，在数学思想史上具有重要意义。

我主要是研究平面图形的性质，包括形状、大小、位置等，聪明的你快来找出我们之间的关系吧！

平面几何

平面几何是指古希腊数学家欧几里得的《几何原本》中构造的几何学，也称欧几里得几何。数学上，欧几里得几何是平面和三维空间中常见的几何，基于点线面假设。数学家也用这一术语表示具有相似性质的高维几何。

几何

欧几里得公理

欧几里得平面几何的五条公理是：任意两个点可以通过一条直线连接；任意线段能无限延伸成一条直线；给定任意线段，可以以其中一个端点作为圆心，该线段作为半径作一个圆；所有直角都相等；第五条公理称为平行公理。

平行公理

若两条直线都与第三条直线相交，并且在同一边的内角之和小于两个直角，则这两条直线在这一边必定相交。这条公理称为平行公理，可以导出命题：通过一个不在直线上的点，有且仅有一条不与该直线相交的直线。

立体几何

三维空间的欧几里得几何通常叫立体几何。数学上，立体几何是三维欧氏空间的几何传统名称，实际上这大致就是我们生活的空间。立体测绘处理不同形体的体积测量问题包括圆柱、圆锥、锥台、球、棱柱、楔、瓶盖等。

我是圆柱体，我由两个底面和一个侧面组成，我的侧面展开之后是一个长方形哦！

空间几何体

多面体是由若干个平面多边形所围成的几何体。围成多面体的各个多边形叫多面体的面，相邻两个面的公共边叫多面体的棱，棱和棱的公共点叫多面体的顶点。一个平面图形绕它所在平面内的一条定直线形成的封闭几何体叫旋转体，这条直线称为旋转体的轴。

阅读大视野

几何学和算术一样产生于实践。关于几何的最早记载可以追溯到古埃及、古印度、古巴比伦，其年代大约始于公元前3000年。早期的几何学是关于长度、角度、面积和体积的经验原理，被用于满足在测绘、建筑、天文和各种工艺制作中的实际需要。

非欧几何

非欧几何是指不同于欧几里得几何学的几何体系，一般是指俄罗斯数学家罗巴切夫斯基的双曲几何和德国数学家黎曼的椭圆几何。它们与欧氏几何最主要的区别在于公理体系中采用了不同的平行定理。

罗氏几何

欧氏几何与罗氏几何中关于结合公理、顺序公理、连续公理以及合同公理都是相同的，只是平行公理不一样。欧式几何讲"过直线外一点有且只有一条直线与已知直线平行"。罗氏几何讲"过直线外一点至少存在两条直线和已知直线平行"。

不管数学的任一分支是多么抽象，总有一天会应用在这实际世界上。
——罗巴切夫斯基

非欧几何

1868年，意大利数学家贝特拉米发表了一篇著名论文《非欧几何解释的尝试》，证明非欧几何可以在欧几里得空间的曲面上实现。这就是说，非欧几何命题可以"翻译"成相应的欧式几何命题，如果欧式几何没有矛盾，非欧几何也就自然没有矛盾。

几何

黎曼几何

黎曼几何是德国数学家黎曼创立的。黎曼几何中的一条基本规定是：在同一平面内任何两条直线都有公共点。在黎曼几何学中不承认平行线的存在，它的另一条公设讲：直线可以无限延长，但总的长度是有限的。黎曼几何的模型是一个经过适当"改进"的球面。

我与欧式几何最大的区别就是平行公理不同，□此，经过演绎推理，却□□了一连串新的几何命题呢！

射影几何

1871年，德国数学家克莱因认识到从射影几何中可以推导欧式几何，并建立了非欧几何模型。射影几何是研究图形在经过射影变换后，依然保持不变的图形性质。同时，它还是公理化数学的典型一例，也可以说它是现代几何学的先驱。

非欧几何

仿射几何

平面仿射几何主要研究平面图形在仿射变换下不会改变的性质。若一个图形经过仿射变换变成另一个图形，就说这两个图形是仿射等价的。如所有的三角形都与正三角形仿射等价，所有的平行四边形都与正方形仿射等价，所有的椭圆都与圆仿射等价。

阅读大视野

非欧几何的产生与发展，在客观上对研究了2000多年的第五公设做了总结，它引起了人们对数学本质的深入探讨，影响着现代自然科学、现代数学和数学哲学的发展。非欧几何学使数学哲学的研究进入了一个崭新的阶段。

微分几何

微分几何是运用微积分理论研究空间几何性质的数学分支学科。它的产生和发展与微积分密切相连，在这方面第一个做出贡献的是瑞士数学家欧拉。1736年，他首先引进了平面曲线的内在坐标这一概念，从而开始了曲线的内在几何的研究。

现代微分几何

古典微分几何是研究三维空间中的曲线和曲面，但是它讨论的对象必须事先嵌入到欧氏空间里，才能够定义各种几何概念，如切线、曲率等。而现代微分几何则开始研究更一般的空间，也就是微分流形，还配有附加的结构。

我研究的是一种更为抽象的空间，想象力丰富的小朋友，你脑海中的我是什么样子呢？

几何

微分几何

微分几何以光滑曲线和曲面作为研究对象，所以整个微分几何是由曲线的弧线长、曲线上一点的切线等概念展开。平面曲线在一点的曲率和空间曲线在一点的曲率等，就是微分几何中的重要讨论内容，而要计算曲线或曲面上每一点的曲率就要用到微分的方法。

距离和角

在曲面上有两条重要概念，就是曲面上的距离和角。在曲面上，由一点到另一点的路径是无数的，但是这两点间最短的路径只有一条，叫从一点到另一点的测地线。在微分几何里，要讨论怎样判定曲面上一条曲线是这个曲面的测地线，还要讨论测地线的性质等。

微分几何

我在实际生活中有着重要作用，用我构造出来的空间，视觉效果很棒哦！

曲面曲率

讨论曲面在每一点的曲率也是微分几何的重要内容。在微分几何中，为了讨论任意曲线上每一点邻域的性质，常常用所谓"活动标形的方法"。对任意曲线的"小范围"性质研究，还可以用拓扑变换把这条曲线"转化"成初等曲线进行研究。

数学分析

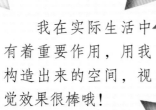

在微分几何中运用数学分析理论，就可以在无限小的范围内略去高阶无穷小，一些复杂的依赖关系可以变成线性的，不均匀的过程也可以变成均匀的，这些都是微分几何特有的研究方法。微分几何与其他数学分支关系密切，已经成为现代数学的中心课题之一。

阅读大视野

1827年，德国数学家高斯的论文《弯曲曲面的一般研究》在微分几何学的历史上有着重大意义。他在论文中建立了曲面的内在几何学，其主要思想是强调了曲面上只依赖于第一基本形式的一些性质，如曲面上曲线的长度、两条曲线的夹角、测地线、测地曲率等。

解析几何

解析几何也称为坐标几何，是利用解析式来研究几何对象之间的关系和性质的一门几何学分支。严格来讲，解析几何利用的并不是代数方法，而是借助解析式来研究几何图形。这里面的解析式既可以是代数的，也可以是超越的。

解析几何

解析几何实现了几何方法与代数方法的结合，使形与数统一起来，它包括平面解析几何和立体解析几何两部分。平面解析几何通过平面直角坐标系，建立点与实数对之间的一一对应关系，以及曲线与方程之间的一一对应关系，运用解析式来研究几何问题。

平面解析几何

在平面解析几何中，除了研究直线的有关性质外，主要是研究圆锥曲线的有关性质，如圆、椭圆、抛物线、双曲线等。它们在生产或生活中被广泛应用，如电影放映机的聚光灯泡的反射面是椭圆面，探照灯、聚光灯、雷达天线等都是利用抛物线原理制成的。

几何

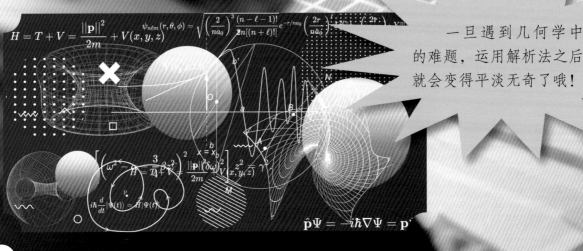

一旦遇到几何学中的难题，运用解析法之后就会变得平淡无奇了哦！

空间解析几何

在空间解析几何中，除了研究平面、直线有关性质外，主要研究柱面、锥面、旋转曲面。总的来说，解析几何运用坐标法可以解决两类基本问题：一类是满足给定条件点的轨迹，通过坐标系建立它的方程；另一类是通过方程的讨论，研究方程所表示的曲线性质。

坐标法

运用坐标法解决问题的步骤是：首先在平面上建立坐标系，把已知点的轨迹的几何条件"翻译"成解析式；然后运用代数工具对方程进行研究；最后把解析式的性质用几何语言叙述，从而得到原先几何问题的答案。

我是圆锥曲线，我隐含着数学中不易察觉的美学元素，椭圆、双曲线和抛物线都是从圆锥中切出来的哦！

解析几何

圆锥曲线

用一个平面去截一个二次锥面，得到的交线就称为圆锥曲线，包括椭圆、抛物线、双曲线。椭圆和双曲线有两个焦点和两条准线，而抛物线只有一个焦点和一条准线。圆锥曲线关于过焦点与准线垂直的直线对称。

阅读大视野

十六世纪以后，由于科学技术的发展，天文、力学等方面都对几何学提出了新的需要。如德国天文学家开普勒发现行星是绕着太阳沿着椭圆轨道运行的，意大利科学家伽利略发现投掷物体是沿着抛物线运动的，这些发现都涉及圆锥曲线。

代数几何

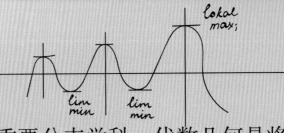

代数几何是现代数学的一个重要分支学科。代数几何是将抽象代数，特别是交换代数，同几何结合起来，它可以被认为是对代数方程系统解集的研究。代数几何与数学的许多分支学科有着广泛的联系，如复分析、数论、解析几何、微分几何、交换代数等。

代数几何

用代数的方法研究几何的思想，是几何学的另一个分支。代数几何的基本研究对象是在任意维数的空间中，由若干个代数方程的公共零点所构成集合的几何特性。这样的集合通常叫代数簇，而这些方程叫这个代数簇的定义方程组。

$$\frac{3}{4} = P(48 + 13C)(3$$

$$9\frac{65}{P} = \frac{3}{4}\left(\frac{P}{65} - \frac{C}{13}\right)$$

$$\frac{3}{4} = P(48 + 13C)($$

代数簇

代数几何以代数簇为研究对象。代数簇是由空间坐标的一个或多个代数方程所确定的点的轨迹，如三维空间中的代数簇就是代数曲线与代数曲面。代数几何研究的则是一般代数曲线与代数曲面的几何性质。

> 我主要研究仿射空间和射影空间，这里是没有起点，只有方向与大小的向量所构成的空间哦！

几何

代数曲线

一维代数簇称为代数曲线，二维的代数簇叫代数曲面。任意一条代数曲线都可以通过正规化把奇点解消，成为一条光滑曲线，再完备化后就得到一条光滑射影代数曲线。光滑射影曲线间的双有理映射必定是同构映射。

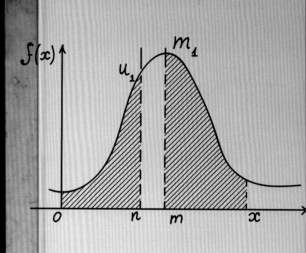

分类理论

代数几何中的分类理论是这样建立的：对每个有关的分类对象，人们可以找到一组对应的整数，称为它的数值不变量。分类对象可以是某一类代数簇，如非奇异射影代数曲线，也可以是有关代数簇的双有理等价类。

交换代数

人们对代数簇的研究通常分为局部和整体两个方面。局部方面的研究主要是用交换代数方法讨论代数簇中的奇异点以及代数簇在奇异点周围的性质。不带奇异点的代数簇称为非奇异代数簇。任意代数簇都是某个非奇异代数簇在双有理映射下的像。

代数几何

阅读大视野

19世纪上半叶，挪威数学家阿贝尔在关于椭圆积分的研究中，发现了椭圆函数的双周期性，从而奠定了椭圆曲线的理论基础。之后，德国数学家黎曼引入并且发展了代数函数论，从而使代数曲线的研究获得了关键性突破。

拓扑学

拓扑学是由几何学与集合论里发展出来的学科，主要研究空间、维度与变换等概念。如几何图形或空间在连续改变形状后还能保持不变的性质，它只考虑物体间的位置关系，而不考虑它们的形状和大小。在拓扑学里，重要的拓扑性质包括连通性与紧致性。

拓扑性质

在拓扑学里不讨论两个图形全等的概念，但是讨论拓扑等价的概念。如圆和方形、三角形的形状、大小不同，但是在拓扑变换下，它们都是等价图形。足球和橄榄球也是等价的，从拓扑学的角度看，它们的拓扑结构是完全一样的。

在拓扑学中，足球代表的空间叫球面，游泳圈代表的空间则是叫环面哦！

几何

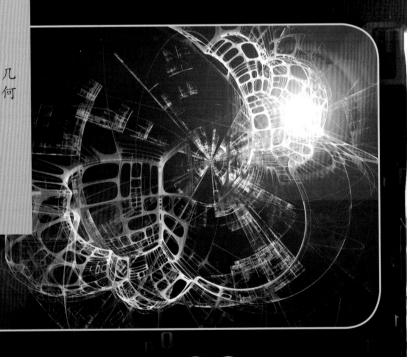

点集拓扑

点集拓扑有时也被称为一般拓扑学，主要研究拓扑空间以及定义在其上的数学结构的基本性质。这一分支起源于对实数轴上点集的细致研究、流形概念、度量空间概念以及早期的泛函分析。点集拓扑为其他拓扑学分支提供了共通基础。

代数拓扑

代数拓扑是使用抽象代数的工具来研究拓扑空间的数学分支，拓扑空间是一般拓扑学的基本研究对象。欧几里得空间的一种推广：给定任意一个集，在它的每一个点赋予一种确定的邻域结构便构成一个拓扑空间。

在四维或四维以上的空间中，由于维数太多，无论怎么样的纽结都能够被解成没有结的曲线哦！

微分拓扑

微分拓扑是研究微分流形和可微映射的一个数学分支。微分流形除了是拓扑流形外，还有一个微分结构。因此，对于从一个微分流形到另一个微分流形的映射，不仅可以谈论它是否为连续，还可以谈论它是否可微。

低维拓扑

低维拓扑是拓扑学的一个分支，研究四维以及更低维的流形，如四维流形、三维流形、曲面、纽结等。纽结是圆周在三维空间或者一般三维流形中的嵌入，比较简单的纽结有平凡结、三叶结、8字结等。

阅读大视野

有关拓扑学的一些内容早在十八世纪就出现了，如哥尼斯堡七桥问题。在哥尼斯堡的一个公园里，有七座桥将普雷格尔河中两个岛以及岛与河岸连接起来。有个人提出一个问题，一个步行者怎样才能不重复、不遗漏一次走完七座桥，最后回到出发点。

几何量工具

几何量主要分为长度量和角度量，由它们衍生出许多复合量，称之为工程参量。工程参量可以分为通用和专用两类，通用类如直线度、平面度、圆度、圆柱度、表面粗糙度等，专用类包括齿轮渐开线、螺纹等。

墨斗

墨斗通常被用于测量和房屋建造等方面，由墨仓、线轮、墨线、墨签四部分构成，是中国传统木工行业中极为常见的工具。墨斗造型、装饰各式各样，有桃形、鱼形、龙形等，结构设计巧妙，整体造型繁简得当，线条曲直有节奏。

几何

我不仅可以作为木工行业的工具，也可以作为木工手艺的炫耀，人们会把我设计成很漂亮的样式哦！

直角尺

直角尺是检验和画线工作中常用的量具，用于检测工件的垂直度以及工件相对位置的垂直度，是一种专业量具。它适用于机床、机械设备以及零部件的垂直度检验、安装加工定位、画线等，是机械行业中的重要测量工具。

激光尺

激光尺是利用激光对目标的距离进行准确测定的仪器。激光尺在工作时向目标射出一束很细的激光，由光电元件接收目标反射的激光束。计时器测定激光束从发射到接收的时间，计算出从观测者到目标的距离。

> 我能够进行连续发射，射程可以达到40千米左右，还可以昼夜进行作业，而且我非常小巧方便哦！

气泡水平仪

气泡水平仪用于检验机器安装面或平板是否水平。它的玻璃管内充满醚或酒精，并留有一小气泡，气泡在管中永远位于最高点。将水平仪放在平板上，读取气泡的刻度大小，然后将水平仪反转置于同一位置，再读取刻度大小，若读数相同，则平板是水平的。

几何量工具

水平仪

水平仪是一种测量小角度的常用量具。在机械行业和仪表制造中，用于测量相对于水平位置的倾斜角、机床类设备导轨的平面度和直线度、设备安装的水平位置和垂直位置等。水平仪是机械设备安装测量水平度和垂直度不可缺少的精密量具。

阅读大视野

鲁班平时干木工活，总是叫老娘给他拽着线头弹墨线。他每次拿起墨斗上的线坠儿，就想起自己苦了一辈子的老娘，他便把这墨斗上的线坠儿起名叫"替母"，也有叫"班母"的，主要是为了纪念鲁班的母亲。"替母"也是中国自古以来"孝"的体现。

几何难题

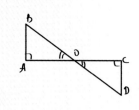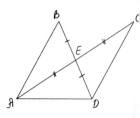

　　古希腊三大几何问题既引人入胜，又十分困难。问题的妙处在于它们看似非常简单，实际上却有着深刻的内涵。它们都要求作图只能使用圆规和无刻度的直尺，而且只能有限次使用直尺和圆规。经过2000多年的艰苦探索，数学家们终于弄清楚了这三个难题。

三大几何问题

　　三大几何问题用数学语言表达就是：已知一个立方体，求作一个立方体，使它的体积是已知立方体的两倍；另外两个著名问题是三等分任意角和化圆为方问题。这是三个作图题，只能够使用圆规和直尺求出问题的解。

　　我吸引了古今中外的数学家们进行前仆后继的探索，他们从中得到了许多收获呢！

几何

立方倍积

　　立方倍积是指求作一立方体的边，使该立方体的体积为给定立方体的两倍。直到1830年，18岁的法国数学家伽罗华首创了"伽罗华理论"，该理论能够证明立方倍积和三等分角问题都是尺规作图不能做到的问题。

化圆为方

化圆为方是指作一正方形，使其与一给定的圆面积相等。直到1882年，化圆为方的问题才有了合理的答案。德国数学家林德曼在这一年成功证明了圆周率是超越数，并且尺规作图是不可能作出超越数来的。

数学是一片浩瀚深邃的海洋，仍然有许多未知的谜底等待着我们去发现哦！

三等分角

三等分角是指分一个给定的任意角为三个相等的部分。三大几何作图难题都被证明是不可能由尺规作图的方式做到的，但是为了解决这些问题，数学家们进行了前赴后继的探索，最后得到了不少新成果，发现了许多新方法。

几何难题

不可能性证明

尺规作图三大难题提出后，有许多基于平面几何的论证和尝试，但在十九世纪以前，一直没有完整的解答。直到十九世纪后，法国数学家伽罗瓦和法国数学家阿贝尔开创了以群论来讨论有理系数多项式方程之解的方法，人们才认识到这三个问题的本质。

阅读大视野

传说大约在公元前400年，古希腊的雅典流行疫病，为了消除灾难，人们向太阳神阿波罗求助。阿波罗提出要求，说必须将他神殿前的立方体祭坛的体积扩大1倍，否则疫病会继续流行。这就是古希腊三大几何问题之一的倍立方体问题。

中国著名数学家

我国对几何学的研究历史悠久。公元前1000年前，在我国的黑陶文化时期，陶器上的花纹就有菱形、正方形和圆内接正方形等许多几何图形。我国从古至今的很多数学家都对几何学做出了重大贡献。

赵爽

赵爽（约182-250年），字君卿，是我中国历史上著名的数学家与天文学家。他的主要贡献是深入研究了《周髀》，该书是我国最古老的天文学著作，唐初改名为《周髀算经》，书中简明扼要地总结出了中国古代勾股算术的深奥原理。

出入相补

出入相补原理的基本思想是指图形经过割补后，面积不变。赵爽研究《周髀算经》，逐一为之注释，在注文中证明了勾股形三边及其和、差关系的24个命题。赵爽的数学思想和方法对中国古代数学体系的形成和发展有一定影响。

在几何学中，我有着巨大的实用价值，就好像是一颗光彩夺目的明珠哦！

勾股定理

勾股定理是一个基本的几何定理，指直角三角形的两条直角边的平方和等于斜边的平方。这是人类早期发现并证明的重要数学定理之一，是用代数思想解决几何问题的最重要的工具之一，也是数形结合的纽带之一。

几何

224

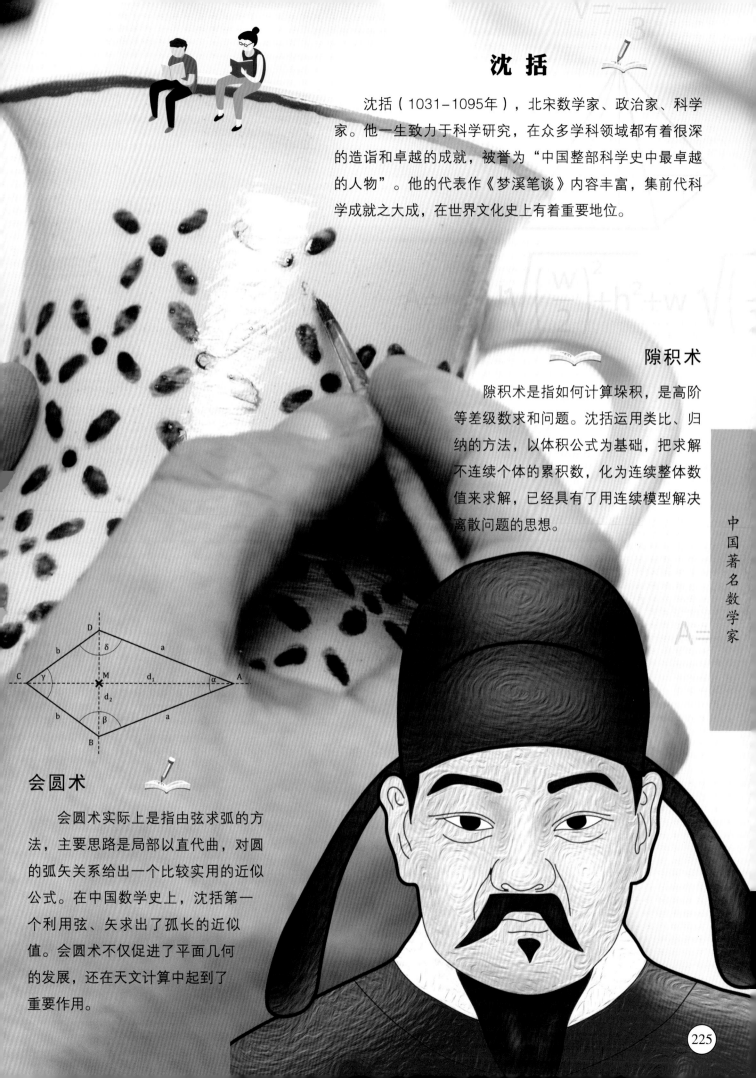

沈括

沈括（1031–1095年），北宋数学家、政治家、科学家。他一生致力于科学研究，在众多学科领域都有着很深的造诣和卓越的成就，被誉为"中国整部科学史中最卓越的人物"。他的代表作《梦溪笔谈》内容丰富，集前代科学成就之大成，在世界文化史上有着重要地位。

隙积术

隙积术是指如何计算垛积，是高阶等差级数求和问题。沈括运用类比、归纳的方法，以体积公式为基础，把求解不连续个体的累积数，化为连续整体数值来求解，已经具有了用连续模型解决离散问题的思想。

中国著名数学家

会圆术

会圆术实际上是指由弦求弧的方法，主要思路是局部以直代曲，对圆的弧矢关系给出一个比较实用的近似公式。在中国数学史上，沈括第一个利用弦、矢求出了弧长的近似值。会圆术不仅促进了平面几何的发展，还在天文计算中起到了重要作用。

几何

徐光启

徐光启（1562-1633年），明代著名数学家、科学家、政治家。他毕生致力于数学、天文、历法、水利等方面的研究，勤奋著述，译有《几何原本》《泰西水法》《农政全书》等。他还是一位沟通中西文化的先行者，为17世纪中西文化交流做出了重要贡献。

清代思想家梁启超评价徐光启：字字精金美玉，是千古不朽之作。

主要贡献

徐光启在数学方面的最大贡献是翻译了《几何原本》，同时还撰写了《勾股义》和《测量异同》两书。《几何原本》的翻译，极大地影响了中国原有的数学学习和研究习惯，改变了中国数学发展方向，因而，这个过程是中国数学史上的一件大事。

苏步青

苏步青（1902-2003年），中国著名数学家、教育家，中国微分几何学派创始人，被誉为"东方国度上灿烂的数学明星""东方第一几何学家""数学之王"。他主要从事微分几何和计算几何等方面的研究，在仿射微分几何和射影微分几何研究方面取得出色成果。

> 扎扎实实地打好基础，练好基本功，我认为这是学好数学的秘诀。
>
> ——苏步青

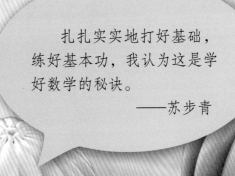

中国著名数学家

主要成就

苏步青先后在仿射微分几何、射影微分几何、一般空间微分几何以及射影共轭网理论等方面做出了杰出贡献，创建了国际公认的中国微分几何学派。在70多岁高龄时，他还结合解决船体数学放样的实际课题，创建和开始了计算几何的新研究方向。

苏步青

吴文俊

吴文俊（1919-2017年），他的研究工作涉及数学的诸多领域，其主要成就表现在拓扑学和数学机械化两个领域。他为拓扑学做了奠基性的工作，他的示性类和示嵌类研究被国际数学界称为"吴公式""吴示性类""吴示嵌类"，至今仍被国际同行广泛引用。

几何

数学的机械化，是一条看不见尽头的漫长道路。
——吴文俊

主要贡献

拓扑学是现代数学的支柱之一，也是许多数学分支的基础。在拓扑学研究中，吴文俊起到了承前启后的作用，他极大地推进了拓扑学的发展，引发了大量的后续研究，并且应用在许多数学领域中，成为教科书中的定理。

丘成桐

1949年，丘成桐出生于广东汕头，是国际知名数学家。他证明了卡拉比猜想、正质量猜想等，是几何分析学科的奠基人。以他的名字命名的"卡拉比–丘流形"，是物理学中弦理论的基本概念。他对微分几何和数学物理的发展做出了重要贡献。

> 音乐的美由耳朵来感受，几何的美由眼睛来感受。
>
> ——丘成桐

主要贡献

丘成桐是公认的当代最具影响力的数学家之一。他的工作深刻变革并极大扩展了偏微分方程在微分几何中的作用，影响遍及拓扑学、代数几何、表示理论、广义相对论等众多数学和物理领域。他开创了将极小曲面方法应用于几何与拓扑研究的先河。

获奖荣誉

丘成桐获得了维布伦几何奖、菲尔兹奖、麦克阿瑟奖、克拉福德奖、美国国家科学奖、沃尔夫数学奖、马塞尔·格罗斯曼奖等奖项。他在1982年荣获最高数学奖菲尔兹奖，是第一位获得这项被称为"数学界的诺贝尔奖"的华人。

阅读大视野

2001年，位于浙江省温州市平阳县腾蛟镇腾带村的苏步青故居成立。1902年，苏步青诞生在这里，并度过了他的少年时代。故居中摆放着苏步青的平生事迹、家庭背景以及子女的各种资料，按照一定时间顺序陈列近200幅大大小小的照片。

世界著名数学家

几何这个词最早来自于阿拉伯语，是指土地的测量。由于人类生产和生活的需要，产生了几何学。随着工农业生产和科学技术的不断发展，几何学的知识也越来越丰富，研究的方面也越来越广阔，尤其是为计算机科学奠定了理论基础。

泰勒斯

泰勒斯（约公元前624–公元前547年），古希腊数学家、思想家、科学家、哲学家。他创建了古希腊最早的哲学学派，被称为"古希腊七贤之一"。他在天文学方面做了很多研究，对太阳的直径进行了测量和计算，结果与当今所测得的太阳直径相差很小。

我可以只利用一根标杆，就能够测量、推算出金字塔的高度哦！

主要贡献

泰勒斯在数学方面划时代的贡献是引入了命题证明的思想。他发现了不少平面几何学的定理：直径平分圆周；三角形两等边对等角；两条直线相交、对顶角相等；半圆所对的圆周角是直角；在圆的直径上的内接三角形一定是直角三角形等。

欧几里得

欧几里得（约公元前330–公元前275年），古希腊数学家，被称为"几何之父"。他最著名的著作《几何原本》是欧洲数学的基础，他在书中提出了五大公设，被认为是历史上最成功的教科书。他还创作了一些关于透视、圆锥曲线、球面几何学以及数论的作品。

在几何里，没有专为国王铺设的大道，几何无王者之道。
——欧几里得

世界著名数学家

几何原本

欧几里得是欧式几何学的开创者。他的《几何原本》是一部集前人思想和个人创造性于一体的不朽之作，全书共13卷，书中包含了5条公理、23个定义和467个命题。论述了直边形、圆、比例论、相似形、数、立体几何以及穷竭法等内容。

123+20,351=

笛卡尔

笛卡尔（1596-1650年），法国著名哲学家、物理学家、数学家、神学家。他对现代数学的发展做出了重要贡献，因为将几何坐标体系公式化，被认为是解析几何之父，他所建立的解析几何在数学史上具有划时代的意义。

> 数学是人类知识活动留下来最具威力的知识工具，是一些现象的根源。数学是不变的，是客观存在的，上帝必以数学法则建造宇宙。
>
> ——笛卡尔

$$A \cdot (x_A, y_A)$$

$$[x_B - x_A, y_B - y_A]$$

主要贡献

在笛卡尔时代，代数还是一个比较新的学科，几何学的思维还在数学家的头脑中占有统治地位。笛卡尔致力于将代数和几何学联系起来的研究，并成功地将当时完全分开的代数和几何学联系到了一起。1637年，他在创立了坐标系后，成功创立了解析几何学。

笛卡尔坐标系

在数学里，笛卡尔坐标系也称直角坐标系，是一种正交坐标系。二维的直角坐标系是由两条相互垂直、0点重合的数轴构成的。在平面内，任何一点的坐标是根据数轴上对应点的坐标设定的。任何一点与坐标的对应关系，类似于数轴上点与坐标的对应关系。

(x_B, y_B)

X

布莱士·帕斯卡

布莱士·帕斯卡（1623-1662年），法国数学家、物理学家、哲学家、散文家。16岁时，他发现了著名的帕斯卡六边形定理：内接于一个二次曲线的六边形的三双对边的交点共线。17岁时写成《圆锥曲线论》，是研究射影几何工作心得的论文，包括六边形定理。

$x_B - x_A$

$y_B - y_A$

$\vec{AB} = [$

主要成就

在代数研究中，帕斯卡发表过多篇关于算术级数以及二项式系数的论文，发现了二项式展开式的系数规律，也就是著名的"帕斯卡三角形"。他研究了摆线问题，得出不同曲线面积和重心的一般求法，计算了三角函数和正切的积分，最早引入了椭圆积分。

莫尔斯

　　莫尔斯（1892-1977年），是美国数学家，他在1925年推广极小极大原理，第一次得出莫尔斯不等式，后来形成莫尔斯理论。他还先后和其他数学家合作研究动力学及测地流、极小曲面、单复变函数论的拓扑方法、积分表示和微分拓扑学等。

莫尔斯理论

　　莫尔斯理论是微分拓扑学中利用微分流形上仅具非退化临界点的实值可微函数研究所给流形性质的分支。莫尔斯理论主要分为两部分，一是临界点理论，二是它在大范围变分问题上的应用。莫尔斯工作的临界点理论在偏微分方程研究中发挥了重要作用。

几何

阅读大视野

　　拜欧几里得为师，学习几何的人很多。有的人是来凑热闹的，看到别人学几何，他也学几何。有学生问欧几里得："老师，学习几何会使我得到什么好处？"欧几里得思索了一下，请仆人拿点钱给这位学生。他说：给他三个钱币，因为他想在学习中获取实利。